合众
The Union Art Books
艺术馆

中外建筑简史

杨远
刘莉莉
曹永智 主编

上海科学技术文献出版社
Shanghai Scientific and Technological Literature Press

图书在版编目（CIP）数据

中外建筑简史 / 杨远，刘莉莉，曹永智主编．—上海：上海科学技术文献出版社，2015.6
ISBN 978-7-5439-6735-9

Ⅰ．① 中…　Ⅱ．①杨…②刘…③曹…　Ⅲ．①建筑史—世界—教材　Ⅳ．① TU-091

中国版本图书馆 CIP 数据核字（2015）第 117437 号

总 策 划　梅雪林
项目统筹　张　树
责任编辑　王明海　　符　琼
封面设计　郁　悦

书　名：中外建筑简史

杨　远　刘莉莉　曹永智　主编
出版发行：上海科学技术文献出版社
地　　址：上海市长乐路 746 号
邮政编码：200040
经　　销：全国新华书店
印　　刷：江阴市华力印务有限公司
开　　本：710×1000　1/16
印　　张：13.5
字　　数：220 000
版　　次：2015 年 7 月第 1 版　2015 年 7 月第 1 次印刷
书　　号：ISBN 978-7-5439-6735-9
定　　价：45.00 元
http://www.sstlp.com

前言
Foreword

建筑是人们用石材、木材等建筑材料搭建的一种供人居住和使用的物体，是人类满足自身物质和精神需求而创造的比较固定的活动空间或构筑物，它是实用艺术的一种，又归于广义的造型艺术。建筑是时代的一面镜子，它以独特的艺术语言熔铸、反映出一个时代、一个民族的审美追求，建筑艺术在其发展过程中，不断显示出人类所创造的物质精神文明，以其触目的巨大形象，具有四维空间（包括顶面）和时代的流动性，讲究空间组合的节律感等，而被誉为“凝固的音乐”、“立体的画”、“无形的诗”和“石头写成的史书”。

本书从建筑艺术的视角，对人类文明的发展历程进行了系统的梳理。全书尽量体现“简史”的特点，删繁就简，语言笃实精简，用言简意赅的笔墨，对博大深远的中外建筑史进行了精恰的叙述。随文附大量插图，以突出视觉艺术的直观感和特殊性为宗旨，将文字描述和图像展示作了有机结合，行文畅扬优美。同时，为使读者获得足够多的建筑史知识信息，在书后我们还编写了中外建筑简史年表和中外建筑名词解释，作为本书的补充，这也是本书的显著特点之一。读者从本书中既可以学习到建筑艺术发展的历史，又对不同国家、地区的文化、艺术、美学等有了系统的认识。

总之，本书是一本集知识性、实用性、趣味性于一体的艺术设计图书。尽管我们做了最大的努力，想把这本建筑简史做得完美一些，但是限于时间和水平，疏漏和错误之处在所难免，真诚地期待学界的批评和建议。

编 者

2015年1月

目录
Contents

第一章
中国古代建筑

第一节　中国古代建筑概况

中国悠久的历史创造了灿烂的古代文化，而古建筑便是其重要组成部分。独具特色的中国建筑，与西方建筑和伊斯兰建筑一起组成了世界三大建筑体系。中国古代建筑在中国古代社会不同的历史时期，取得了不同的成就，共同形成了中国古代建筑的独特特点。

一、中国古代建筑的发展概述

史前时期，我国古代建筑有陶复陶穴和筑木为巢两种基本形式。到原始社会后期，这两种原始建筑形式都得到了发展，从构木为巢发展到干栏式建筑，从陶复陶穴发展到地面宫室建筑，人们已掌握了空间处理和榫卯结合的技术，并创造了木骨架泥墙和搭盖屋顶的技术。城在此时也已出现，那时人们已掌握了一定的排水技术。

夏商周时期，城市建筑有了显著的进步，从夏商都城到东周列国都城，可以看出中国城市的两种形态——“择中型”布局和“因势形”布局均已出现，以小城作宫城，以大城作郭城划分里坊的封闭性都城格局，已具雏形。承继史前穴居和干栏的营造经验，夯土技术在此时有了突出发展，并和木构技术相结合，形成了“茅茨土阶”的构筑方式，这在河南洛阳偃师二里头夏代都城遗址中有显著的体现（见图1-1）。西周的凤雏、召陈宫殿进一步发展为“瓦屋”，从而奠定了中国建筑以土、木、瓦、石为基本用材的悠久传统。木构架建筑体系的特点均已初见端倪，夯土技术达到成熟，木构榫卯已十分精巧，梁柱构架已在柱间用阑额，柱上用斗，开启运用斗拱之滥觞，带有家族伦理观念的组群空间的庭院式布局已经形成，这在西周的凤雏、召陈宫殿建筑中表现最为突出（见图1-2）。园林建筑在商周时期也有一定发展，《竹书纪年》记载的“夏桀作琼宫瑶台”，应该是皇家园林最早建筑，但建筑形制尚不清楚。春秋战国时期，盛行“高台榭、美宫室”建筑，形成了一种以阶梯形的土台为核心、逐层架立木构房屋的土木结合的台榭建筑方式，并以台榭为中心，在周围建山水园林苑囿组群建筑。

秦汉时期是中国建筑发展的第一个高潮时期。秦灭六国，建立了中国历史上第一个真正实现统一的国家，秦在宫苑建筑上成就突出，“秦每破诸侯，写放其宫室，作之咸阳北阪上”，并大兴土木修建陵墓、长城。两汉是中国古代第一个中央集权的、强大而稳定的王朝。在城市建设上，都城规模更大，长安城面积达36平方公里，是当时世界上最大的城市，此时还出现了新兴的城市，如手工业城市临邛、襄邑、宛、洛阳等。另外木构建筑体系基本成熟，主要表现在：中国古代建筑的基本类型趋于完备，有宫殿、苑囿、陵墓等皇家建筑，有明堂、宗庙、辟雍等礼制性建筑，有坞壁、宅第等居住建筑，还出现了佛教寺庙建筑；木构梁架结构的两种主要形式——抬梁式和穿斗式都已出现，斗拱的形式进入多样化探索期，屋顶形式渐趋丰富；独立的、大型多层的木构楼阁兴起；建筑组群建筑规模扩大，如未央宫有“殿台四十三”，权贵宅第也是

图1-1　河南偃师二里头遗址一号宫殿复原图 / 夏代

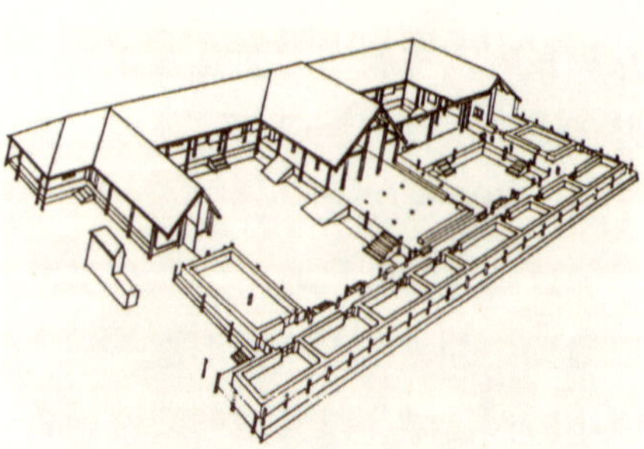

图1-2　陕西岐山凤雏宗庙建筑复原图 / 西周

“并肩列宅”。秦汉建筑艺术总的风格可以用“豪放朴拙”四个字来概括。屋顶很大，已出现了屋坡的折线“反字”，即以后“举折”或“举架”的初步做法，但曲度不大；屋角还没有翘起，呈现出刚健质朴的气质。建筑装饰题材多飞仙神异、忠臣烈士，古拙而豪壮（见图1–3）。

三国两晋南北朝时期，经历了魏、蜀、吴三国的鼎立，两晋与十六国的分裂，宋、齐、梁、陈与北魏、东魏、西魏、北齐、北周的对峙，对社会经济造成了严重的破坏，但同时也促进了民族融合和各地建筑的交流，特别是促进了南方建筑的发展。这个时期的建筑成就主要体现在都城建设、佛教建筑和园林建筑的兴起。在都城建筑方面，三国曹魏所建邺城成为中国历史上第一座轮廓方正规整、功能分区明确、具有南北轴线的都城，对此后中国都城规划产生了深远的影响。在佛教建筑方面，随着佛教的传入，佛教寺院、佛塔和石窟寺等佛教建筑高潮迭起。佛寺的数量剧增，其布局形式有源自印度的“中心塔形”和基于“舍宅为寺”而形成的“宅院型”两种形式；佛塔造型已经产生楼阁式、密檐式、金刚宝座式、亭阁式等多种形式（见图1–4、图1–5）；石窟寺有源自印度的支提窟、殿堂型和穹隆式等，这些都成为后世佛教建筑的典范。在园林建筑方面，由于文人常退隐山林，进一步发掘自然美，由此中国园林美学获得了发展的契机，形成了皇家园林和私家园林并立的格局，人们的园林营造观念从大尺度的形似自然向小尺度的神似自然转变。此外，由于“胡坐”的传入，中国家具的造型向适应垂足坐的高足型家具转变，因此也引发了中国建筑的室内空间和室内景观的嬗变。

图1–3　汉墓中出土的建筑明器

图1–4　嵩岳寺塔 /北魏 / 河南登封

图1–5　嵩岳寺塔塔刹

图1-6 赵州桥 / 隋代 / 河北赵县

图1-7 乾陵 / 唐代 / 陕西乾县

隋唐结束了中国长期战乱纷争和南北分裂的局面，进入了中国封建社会的鼎盛时期，为建筑的发展奠定了坚实的社会基础。隋代建造了世界上最早的敞肩拱桥——赵州桥（见图1-6）。唐代建筑成就主要体现在都城建设规模、建筑布局水平、木构技术的高度成熟等几个方面。唐代都城建设规模宏大，唐长安城布局在曹魏邺城的基础上做了改进，面积达到83.1平方公里，按中轴对称布局，由外郭城、宫城和皇城组成，城内街道纵横交错，划分出110座里坊，此外还有东市、西市等大型工商业区和芙蓉园等人工园林，城市总体规划整齐，布局严整，堪称中国古代都城的典范。其宫城、里坊、街道、寺院和单体殿堂都达到很大的尺度，是世界古代史上最大的城市。建筑布局水平提高，不仅城市的总体规划合理，而且在宫殿、寺院等组群建筑中也加强了突出主体建筑的空间组合。帝王陵墓多因山为陵，其布局也以长列的神道前导空间，突出组群的纵深轴线（见图1-7）。木构技术进入成熟阶段，木构件的形式和用料已呈现规格化的倾向，斗拱结构严谨、雄壮有力，门窗朴实无华，建筑技术分工和技术管理也都有了进展。五代时期，割据纷乱，建筑无大的进步，多笼罩在盛唐的遗韵光辉中。

宋辽金时期，中国虽处于南北分裂的局面，但建筑的发展出现了新的趋势。在都城建设上，基于农业、手工业的发展和城市商品经济的繁荣，促使城市的格局发生了变化，如北宋都城东京汴梁废弃了封闭的里坊制，转向开放的街巷制，商业、饮食业、娱乐业城市建筑显著增多。组群建筑布局趋向多进院格局，加深了组群纵深发展的程度。建筑技术取得了重要进展，《营造法式》在理论上对成熟的木构架建筑体系进行了规范化、精致化的总结，建筑定型化达到了严密的程度，更着意在细部和装饰的追求。小木作发育成熟，门窗从版门、直棂窗演进为可开启的、棂条组合的成列隔扇，斗拱的机能开始减弱，藻井、勾栏之类日趋华美、细腻，彩画装饰绚丽、多彩。元代统一中国后，基本接受宋金建筑传统，但在宗教建筑方面取得了显著的成就。

图1-8　河北承德外八庙之普陀宗乘庙 / 清代

明清两代是中国历史上最后两个封建王朝。中国古代建筑在明代和清中叶以前经历了最后一次发展高峰。在城市建设上，明清的北京城城垣、宫殿、坛庙、苑囿规划完善，气势恢宏，成为“都市计划的无比杰作”，在组群建筑规划上达到了前所未有的水平。北京紫禁城、天坛、昌平明十三陵等都是组群建筑的典范之作。在园林建筑中，北京西郊的“三山五园”和承德避暑山庄等皇家园林，把中国苑囿推上最后的高峰。各地的民居建筑、公共建筑也都有了突出发展。宗教建筑活动也有了突破发展，如承德外八庙融合了汉、藏建筑的特点，取得了创新性的突破。木构建筑体系也达到了高度成熟阶段，大木构架加强了整体性，简化了梁柱结合方式，斗拱进一步衰退为垫托性、装饰性的构件。清代的《工程做法则例》进一步强化了建筑标准化。明式、清式家具的发展也促进了中国室内陈设的发展。

清中叶以后，帝王宫殿、坛庙、陵寝、苑囿等官式建筑走向衰落，由成熟的定型化转向僵滞的过渡程式化，构架趋向板滞，园林、家具、装饰、彩画过分追求精细而导致堆砌、繁缛，建筑风格转向拘谨而欠缺生气（见图1-8）。这种衰落的迹象预示着中国建筑转向的来临。

二、中国古代建筑的特点

伴随着中国古代建筑历史的发展，古代建筑形成了自己独特的特点，主要表现在单体建筑结构、组群建筑平面布局、建筑装饰、建筑思想等方面。

（一）单体建筑结构特点

从单体建筑结构上看，每个建筑都由上、中、下三部分组成。下为台基，中间为柱子、门窗和墙面，上为屋顶。

台基是单座建筑物的基座，外表只是一个方座，却包括建筑的基础、柱础石等。台基的长、宽尺寸要小于屋檐，即屋檐的滴水不能滴到台基面上。台基是任何一栋建筑都要有的，建于高台上的建筑也仍有台基，但台基因建筑物的级别而有不同。古代官方对台基的使用有严格的规定，据《大清会典》记载，公侯以下，三品官以上的房屋台基准高二尺；四品官以下到市民的房屋台基高一尺。常见的台基有砖石砌台帮、陡板石台帮、虎皮石台帮、石须弥座式台基（注意不是高台）四种做法。

中国民间的俗语“墙倒屋不塌”，是对柱子的功用形象而又贴切的描述。由于这种结构主要以柱梁承重，墙壁只作间隔之用，并不承受上部屋顶的重量，因此墙壁的位置可以按所需室内空间的大小而安设，并可以随时按需要而改动。正因为墙壁不承重，墙壁上的门窗也可以按需要而开设，可大可小，可高可低，甚至可以开成空窗、敞厅或凉亭。

在柱子之上屋檐之下还有一种东方建筑所特有的构件——斗拱（见图1–9），它既可承托屋檐和屋内的梁与天花板，又具有强烈的装饰效果。

中国古建筑的屋顶样式可有多种，分别代表着一定的等级。等级最高的是庑殿顶，特点是前后左右共四个坡面，交出五个脊，又称五脊殿或庑殿。这种屋顶只有帝王宫殿或敕建寺庙等方能使用；等级次于庑殿顶的是歇山顶，有前后左右四个坡面，在左右坡面上各有一个垂直面，故而交出九个脊，又称九脊殿或汉殿。这种屋顶多用在建筑性质较为重要，体量较大的建筑上；等级再次的屋顶主要有悬山顶（只有前后两个坡面且左右两端挑出山墙之外）。此外还有硬山顶、攒尖顶等。所有屋顶皆具有优美舒缓的屋面曲线。这种艺术性的曲线先陡急后缓曲，形成弧面，不仅受力比直坡面均匀，

图1–9　斗拱

而且易于屋顶合理地排雨送雪。

中国古建筑屋顶材料的选择上偏爱木材，并以木构架结构为主。此结构方式由立柱、横梁及顺檩等主要构件组成。各构件之间的结点用榫卯相结合，构成了富有弹性的框架。这种榫卯结合的形式在浙江余姚河姆渡原始社会建筑遗址中已有发现，表明它在距今7000多年前就已经形成了（见图1-10）。

中国古代木结构主要有三种形式：一是井干式，即是以圆木或方木四边重叠结构如井字形。这是一种最原始而简单的结构，最早出现于原始社会时期，现在在南方还有保留。二是穿斗式，是用穿枋、柱子相穿通接斗而成，便于施工，最能抗震，但较难建成大型殿台楼阁，所以我国南方民居和较小的殿堂楼阁多采用这种形式。三是抬梁式（也称为叠梁式），即在柱上抬梁，梁上安柱（短柱），柱上又抬梁的结构方式。这种结构方式的特点是可以使建筑物的面阔和进深加大，以满足扩大室内空间的要求，成了大型宫殿、坛庙、寺观、王府、宅第等豪华壮丽建筑物所采取的主要结构形式。有些建筑物还将抬梁与穿斗相结合，形式更为灵活多样。

中国古代建筑以它优美柔和的轮廓和变化多样的形式而引人注目、令人赞赏。但是这样的外形不是任意造成的，而是适应内部结构的性能，依据实际用途的需要而产生的。如像那些亭亭如盖、飞檐翘角的大屋顶，便是根据排除雨水、遮阴纳阳的需要，适应内部结构的条件而形成的。两千多年前的诗人们就曾经以“如翼斯飞”这样的诗句来描写大屋顶的形式。在建筑物的主要部分柱子的处理上，一般是把排列的柱子上端做成柱头内倾，让柱脚外侧的“侧脚”呈现上小下大的形式，还把柱子的高度从中间向外逐渐加高，使之呈现出柱头外高内低的曲线形式。这些做

图1-10　河姆渡遗址出土建筑用木材 / 公元前5000～公元前4000年 / 浙江余姚

图1-11　单檐歇山屋顶

法既解决了建筑物的稳定功能，又增加了建筑物外形的曲线美，把实用与美观恰当地结合起来，可以说是适用与美观相统一的佳例（见图1-11）。

（二）建筑的平面布局特点

中国古建筑的平面丰富多彩，从单体建筑看，有方形的、长方形的、三角形的、六角形的、八角形的、十二角形的、圆形的、半圆形的、扇形的、梅花形、菱形相套的，等等。

从组群建筑的平面布局看，中国古代建筑基本上有两种平面布局的方式：一种是庄严雄伟、整齐对称。这种建筑平面布局的特点是主次分明、左右对称，它有一条明显的中轴线，在中轴线上布置主要的建筑物，在中轴线的两旁布置陪衬的建筑物。但凡帝王的京都、皇宫、坛庙、陵寝，官府的衙署厅堂、王府、宅第，宗教的寺院、宫观以及祠堂、会馆等，大多是采取这种形式。以北京的寺庙为例，在它的中轴线上最前有影壁或牌楼，然后是山门，山门以内有前殿，其后为大殿（或称大雄宝殿），再后为后殿及藏经楼等。在中轴线的两旁布置陪衬的建筑，整齐划一，两相对称，如山门的两边有旁门，大殿的两旁有配殿，其余殿楼的两旁有廊庑、配殿等。工匠们运用了烘云托月、绿叶托红花等手法，衬托出主要建筑的庄严雄伟。这类建筑，不论建筑物的多少、建筑群的大小，一般都采用此种布局手法。从一门一殿到两进、三进以至九重宫阙，庞大帝京等的营建都是按照这样的规律。这种庄严雄伟、整齐对称、以陪衬为主的方式完全满足了统治者和宗教教义对于礼敬崇高、庄严肃穆的需要，所以几千年来一直相传沿袭，并且逐步加以完善。

另一种是曲折变化，灵活多样。这种布局方式因地制宜布置，不求整齐划一，不用左右对称。凡风景园林、民居房舍以及山村水镇等，大多采用这种形式。其布局的方法是按照山川形势、地理环境和自然的条件等灵活布局。例如民居、寺庙、官衙，凡位于山脚河边者，总是迎江背山而建，并根据山势地形，层层上筑。这种情况最适宜于西南山区和江南水网地区以及地形变化较多的地点。这种布局原则，由于适应了我国广大的不同自然条件的地区和多民族不同文化特点、风俗习惯的需要，几千年来一直被采用，并有科学的理论基础。中国式的园林更是灵活布局，曲折变化。山城、水乡的城市、村镇布局也根据自然形势、河流水网的情况，因地制宜布局，出现了许多既实用又美观的古城镇规划和建筑风貌。

（三）建筑装饰的特点

图1-12　黄色琉璃瓦屋顶

中国古代建筑的色彩非常丰富。有的色调鲜明、对比强烈，有的色调和谐、纯朴淡雅。建筑师根据不同需要和风俗习尚而选择施用。宫殿、坛庙、寺观等建筑物多使用对比强烈、色调鲜明的色彩：红墙黄瓦（或其他颜色的瓦）衬托着绿树蓝天，再加上檐下的金碧彩画，使整个古建筑显得分外绚丽。在表现中国古建筑艺术的特征中，琉璃瓦和彩画是很重要的两个方面。

琉璃瓦是一种非常坚固的建筑材料，防水性能强，皇家建筑和一些重要建筑便大量使用了琉璃砖瓦。琉璃瓦的色泽明快，颜色丰富，有黄、绿、蓝、紫、黑、白、红等。一般以黄绿蓝三色使用较多，并以黄色为最高贵，但只用在皇宫、社稷、坛庙等主要建筑上（见图1-12）。就是在皇宫中，也不是全部建筑都用黄色琉璃瓦，次要的建筑用绿色和绿色“剪边”（镶边）。在王府和寺观，一般是不能使用全黄琉璃瓦顶的。清朝雍正时，皇帝特准孔庙可以全部使用黄琉璃瓦，以表示对儒学的独尊。琉璃瓦件大约可分作四类：一类是筒瓦、板瓦，是用来铺盖屋顶的。第二类是脊饰，即屋脊上的装饰，有大脊上的鸱尾（正吻）、垂脊上的垂兽、戗脊上的走兽等，走兽的数目根据建筑物的大小和等级而决定。明清时期规定，最多的是十一个，最少的是三个。它们的排列是：最前面为骑鹤仙人，然后为龙、凤、狮子、天马、狻猊、獬豸……第三类是琉璃砖，用来砌筑墙面和其他部位的。第四类是琉璃贴面花饰，有各种不同的动植物和人物故事以及各种几何纹样的图案，装饰性很强。

彩画是中国古建筑中重要的艺术部分。例如古代重要建筑的室内室外彩画，特别是在屋檐之下的金碧红绿彩画，使这些部分的构件增强了色彩对比，同时使黄绿各色屋顶与下部朱红柱子门窗之间有一个转换与过渡，使建筑显得更加辉煌绚丽（见图1-13）。建筑彩画具有实用和美化的作用。实用是指可以保护木材和墙壁表面。我国古代使用一种椒房，即在颜色涂料中加上椒粉，不仅可以保护壁面和梁柱，而且还可散发香气驱虫。装饰作用是使房屋内外明快、美观。早期彩画的图案是在建筑物上涂以颜色，并逐渐绘画各种动植物和图案花纹，后来逐步走向规格化和程式化，到明清时期形成了定制。明清时期

图1—13 建筑彩画

的彩画主要分两大类：一类是完全成为图案化的彩画，分为和玺（以金色龙凤为主要题材）、金线大点金、墨线大点金、金琢墨、烟琢墨、雄黄玉、雅五墨等，它们都以用金多少和所用的主要题材来定其等次尊贵。另一类是后来才兴起的“苏式彩画”，它的特点是在梁枋上以大块面积画出包袱形的外廓，在包袱皮内绘各种山水、人物、花鸟鱼虫以及各种故事、戏剧题材。还有一些别出心裁的彩画，如故宫太和殿的柱子以贴金沥粉缠龙为饰，遵化清东陵慈禧陵楠木梁枋上的素底描金彩画，达到了金碧辉煌、登峰造极的地步。

朴素淡雅的色调在中国古建筑中占有重要的地位。如江南的民居和一些园林、寺观，洁白的粉墙、青灰瓦顶掩映在丛林翠竹、青山绿水之间，显得清新秀丽。北方山区民居的土墙、青瓦或石板瓦也都使人有恬静安适之感。甚至有一些皇家建筑也在着意追求这种朴素淡雅的山林趣味，清康熙、乾隆时期经营的承德避暑山庄就是一个突出的例子。

中国古建筑有着丰富的雕塑装饰。古建筑的雕塑一般分作两类：一类是在建筑物身上的，或雕刻在柱子、梁枋之上，或塑制在屋顶、梁头、柱子之上的，题材有人物、神佛故事、飞禽、走兽、花鸟、鱼虫等，龙凤题材更被广泛采用，雕塑的材料根据建筑物本身的用材而定，有木有石，有砖有瓦，有金有银，有铜有铁；另一类是在建筑物里面或两旁或前后的雕塑，它们大多是脱离建筑物而存在的，是建筑的保藏物或附属物。建筑物内的雕塑多为佛、道寺院内的佛、道教内容。

（四）建筑思想观念

中国古建筑在建筑与环境的配合和协调方面有着很高的成就，有许多精辟的理论与成功的经验。古人不仅考虑建筑物内部环境主次之间、相互之间的配合与协调，而且也注意到它们与周围大自然环境的协调，这主要受到封建等级观念、家族伦理观念、阴阳五行学说等思想的影响。

封建等级观念的影响主要体现在大型群体建筑的设计上，不同的等级均有相应的建筑体例，不得僭越。我国古代城市的建设等级观念就极为明确。先秦时期城已分不同等级，《周礼·考工记·匠人》就将城分三级：第一级王城，即王国都城；第二级诸侯城，即封国都城；第三级即宗师与士大夫采邑。这三级城制，在建筑上反映为各城规模的不同，如不同等级城市的城门数量、门道多少，就根据等级有所不同，都城一般设十二城门。每面城墙置三座城门，每个城门三个车道，其他城市一般设四城门，每面城墙设一座城门，个别有两座城门。另外，在贵族的住宅建筑上，等级制度也极为森严，包括建筑大小、高低、数量、装饰等都根据主人的级别而有不同的要求。如柱子的颜色，《礼记》就规定：“天子丹，诸侯黝，大夫苍。”

家族伦理观念对民居建筑的影响非常广泛，主要表现在“同姓聚居，家和为贵”、“尊卑有礼，男女有别”、“以堂为尊，崇祖敬宗”等观念上。中国传统的民居分布多聚族而居，以血缘为纽带，在平面布局上多是向平面展开的平房，并有若干个单体建筑构成庭院，而且用围墙围合成一个向心力极强的家庭院落，这种建筑布局形式受到了“同姓聚居，家和为贵”观念的深刻影响。中国庭院组群建筑的规划布局多是以正屋为中心，正前左右两边对称建厢房，正屋后建后院，这种规划思想是“父尊子卑、长幼有序、男女有别”观念的形象反映，所以正屋多为父母之居，两厢多为子辈居住，而后院为女眷居所。另外，正屋不仅是活着的家长的居所，同时也是祭祀祖宗的场所，“媚祖以邀福”，之所以选择地位尊贵的正屋祭祖拜宗，不仅可以显示对祖宗的尊重，而且宣扬着家长地位的崇高。所以，传统的居室建筑的布局安排，正屋皆位于中轴线上，居中为上，周围建筑皆以其为核心，通过封闭的院落，形成强烈的向心力。

中国古代建筑中有一种讲究阴阳五行的“堪舆”之学，也就是风水之学，其中虽然夹杂了不少封建迷信的东西，但剔去其糟粕，仍有不少可供借鉴之处。特别是其中讲地形、风向、水文、地质等部分，还是有参考价值的。中国古代建筑设计师和工匠们，在进行规划设计和施工的时候，都十分注意周围的环境，对周围的山川形势、地理特点、气候条件、林木植被等，都要认真进行调查研究，务使建筑的布局、形式、色调、体量等与周围的环境相适应。例如《管子》论述选择都城条件时就强调，“非于大山之下，必于广川之上，高勿近旱而水用足，低勿近涝而沟防省，因天材、就地利”等。至于山区城镇、城堡、村庄、寺观、园林、民居等，也都是随着山形地势起伏转折，高低错落，相宜部署。江河湖海岸边的建筑物必然随着港湾河汉的地形高下予以安排。历代陵墓尤其重视地形环境。所谓的“龙脉”即考虑到周围数里、数十里，甚至数百里范围的地形、风水。园林更是综合了空间与时间的艺术，景随时换，步移景转。对园内外环境的关系，相互配合最为讲究。“借景”就是造园技法中巧妙地运用环境的一种表现手法。明计成《园冶》一书中专门有“借景”一章。他说：“园林巧于因借……借者园虽别内外，得景则无拘远近”，把园外远处的山峰冈峦、楼阁塔影以至山林树木、海山景色都可借入园内成景。景与景之间也相互为借，隔院楼台、出墙红杏都可相互借用，构成一个大的环境空间。

总之，中国建筑是世界唯一以木结构为主的建筑体系，其历史悠久，是中国人的伦理观、审美观、价值观和自然观的深刻体现。基于深厚的文化传统，形成了中国建筑艺术的独特特点和丰富的建筑类型。中国古代的建筑类型主要包括都城建筑、宗教建筑、园林建筑、民居建筑和礼制性建筑等五大类。下面我们来逐一介绍各类建筑的发展历史及其特点。

第二节　尊王重威——都城建设

中国传统建筑中的都城建设主要包括城市规划和宫殿建筑两个部分，它们代表着时代建筑技术和建筑艺术的最高水平。

一、古代城市

关于城市的定义，历史文献中有多种不同的解释。古代的“城”与“市”是两个不同的概念。《说文解字》：“城，郭也，都邑之地，筑此以资保障者也。”城，多是指四面围以城墙、扼守交通要冲、具有防卫意义的军事据点。《说文解字》：“市，买卖之所也。”可见，凡进行买卖交易的场所即为市。从古文文献中记载的城与市的基本特征看，城与市没有必然的内在联系，有城不一定就有市；相反，市场也不一定围筑墙垣。可见，最初的城或市，皆不包括复合名词“城市”的概念。只是到了周代，随着城或市的发展与变化，它们才逐渐含有“城市”的意义。即城市是一个人口集中、非农业各类产业发达、军民以非农业人口为主的地区，通常是周围地区的政治、经济、交通与文化的中心。

中国古代城市大多力求规整对称，以皇宫或衙署为统率中心，以鲜明的理性逻辑秩序体现了封建社会的政治思想。中国古代城市在突出主体，重视城市的有机整体性及与大环境的关系，在平面和主体的构图处理以及色彩的有机构成上，都取得了卓越的成就并富有鲜明的民族色彩，是中国建筑艺术的重要遗产。

（一）古代城市的选址

中国古代城市选址原则可以概括为以下几个方面：

第一，选择合适的地理位置。一般是择中而居。地形上要求平坦、地势较高、靠近河流交汇处或河流弯曲的内侧，但又不能过于低洼。最好是东、西、南、北四面有山岭环抱，只有南面有水口（河流出口），呈北高南低的山间盆地（称为“聚”）。这种地形既利于军事防御，又能阻挡北方南下的寒流，从而达到藏风聚气的目的。第二，选择水陆交通要冲，解决水源及交通问题。第三，考虑可持续发展的因素，选择生活物资供应丰富的地方。第四，考虑自然景观及生态因素，选择生态环境优越的地方。最后，考虑设险防卫的需要，要符合“国必依山川”的原则。

（二）古代城市的规划布局

从春秋一直到明清，除秦朝的咸阳外，其他各朝的都城都有城郭之制。城郭之制即“筑城以卫君，造郭以守民”（《吴越春秋》），“内之为城，外之为郭”的城市建设制度。一般京城有三道城墙：宫城（大内、紫禁城）、皇城或内城、外城（郭）；府城有两道城墙：子城、罗城。

中国古代有两种城市形式：一种为方格网式规则布局，多为新建城市，受传统礼制思想的影响。其布局在《考工记》中有详细记载："匠人营国，方九里，旁三门，国中九经九纬，经涂九轨，左祖右社，面朝后市。"这类城市实例较多，如北魏、隋、唐的洛阳，隋、唐的长安，元大都与明、清时期的北京；另一种为较为自由的不规则布局，多为地形复杂或由旧城改建的城市，受地形或现状影响较大，所谓"凡立国都，因天材，穷地利。故城郭不必中规矩，道路不必中准绳"。如汉代的长安城、南朝时的建康。

（三）古代都城举例

1. 西汉长安城

西汉都城长安位于今陕西西安市的西北。由于汉长安城是在秦咸阳原有离宫基础上建立起来的，而且背面靠近渭水，因此城市布局不很规则。据《三辅黄图》一书记载，其形状是按照星座形状而造的（见图1-14）。"城南为'南斗形'，北为'北斗'形，至今人呼汉京城为斗城是也。"

汉初，高祖刘邦接受萧何"天子以四海为家，非壮丽无以重威"的提议，建造了未央宫，作为西汉长安的主要宫殿。汉武帝时，在长安大兴土木，建桂宫、明光宫、建章宫等，使长安的建设达到极盛时期。

长安城内街道宽敞，又植行道树，形态壮观又富有情趣。

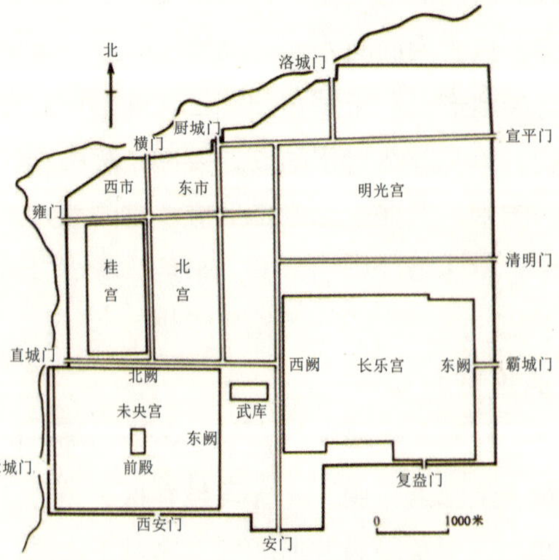

图1-14 西汉长安城平面布局图

2. 曹魏邺城

东汉末年曹操为魏王时营造的邺城在我国古代城市发展史上具有里程碑意义。邺城平面为东西横长矩形，以东西向大街为横轴，分城为南北二部（见图1-15）。北为宫殿苑囿，南为居民闾里和衙署，从南墙正中向北的大街正对朝会宫殿，与横轴丁字相交，是城市纵轴。全城规整对称，秩序井然。城市有明显的分区，统治阶级与普通居民严格分开。这种布局方法把中轴线对称的手法从一般建筑应用到城市布局中，对后世都城建筑有很大影响。此后南朝建康、北魏洛阳、隋唐长安和洛阳基本上都沿用了这个方式并有所发展。

3. 唐长安城

唐长安城基本上沿用了隋大兴城的城市布局。外面是方正的城郭，内部是整齐的街道，是“里坊制”城市格局的典范（见图1-16）。其城市总体特征是中轴线对称布局，以正对宫城大门承天门、皇城大门朱雀门，直至南城中门明德门的朱雀大街为中轴线，城门位置、道路的格局及东市、西市的位置等，都是严格对称的。城内的道路呈方格网形式，南北大街11条，东西大街14条。道路等级分明，层次清楚，以通达城门的大街为主干道，其他则为次级道路，最后才是通达诸街坊内的小路。道路最宽的达180米。唐长安城内的居民区为街坊形式，是封闭的里坊制。在城市街道网形成的方格里建造方形土墙，设坊门，一般居民住宅只向坊内开门，实行宵禁，城市街景比较单调，市场集中设置在城内指定的少数坊内。这样的布置便于管理，有利于社会治安。

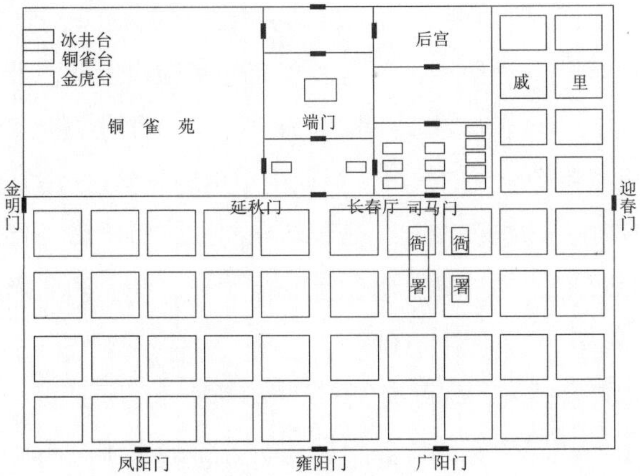

图1-15　曹魏邺城平面布局图

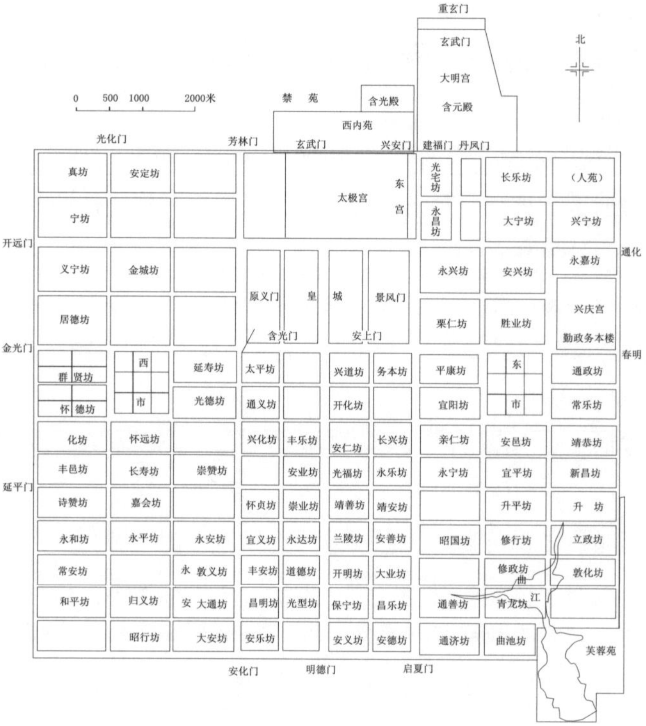

图1-16 唐长安城平面布局图

4. 北宋汴梁

北宋的都城汴梁，古称东京，就是今天的开封，位于华北平原与黄淮平原的交汇处，处于大运河的中枢地带，城内又有汴河、蔡河、金水河、五丈河4条水路贯通，所以水陆交通便利，手工业和商业都相当发达。北宋在此建都长达167年，是开封历史上最鼎盛的时期。北宋时期，在街上开店营业已经合法化，旧的城市制度已经有了很大的改革，呈现出由里坊制向开放的街巷制的过渡。

东京城由宫城、内城和外城三重城环绕而成，每重城外都有护城壕保护。这种三城相套宫城居中的格局，为后世的金、元、明、清所沿用，是后世都城布局的 原型（见图1-17、图1-18）。

外城东、北各开四门，南面有3座旱门和两座水门，西面设五门。每座城门都设有瓮城，上面建城楼和敌楼等附属建筑，每隔百步左右还有在平面上向外凸出的“马面”以加强防御能力。内城在外城中央偏西北，每面各设3门，城中采用“井”字形道路系统，道路间的部分是衙署、寺院、住宅和商业区。宫城位于内城的中央偏西北，南北轴线的南区上依次排列着大朝大庆殿、常朝紫宸殿及外朝的主要宫殿。西区上建有与之平行的日朝文德殿和供皇帝饮宴用的垂拱殿两组建筑。各组建筑的正殿都采用“工”字殿形式。外朝区以北，设寝宫与内苑。

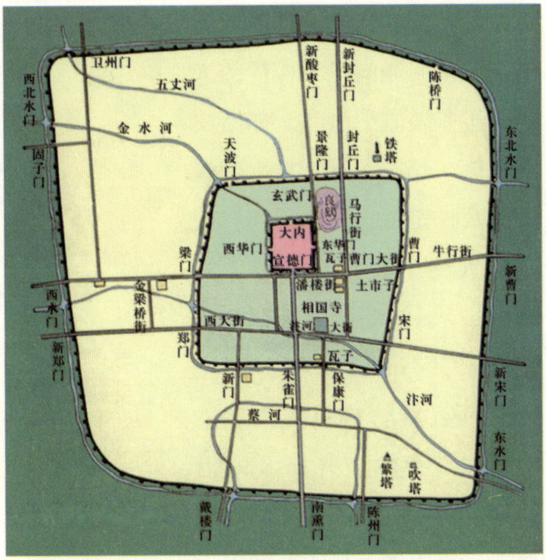

图1–17　北宋汴梁平面布局图

图1–18　《清明上河图》中描绘的繁华的汴梁城 / 北宋 / 张择端

5. 明清北京城

北京城的基本轮廓由宫城、皇城、内城和外城构成。宫城即紫禁城，也就是今天北京明清的故宫，位于内城中部偏南地区，南北长960米，东西宽760米，面积0.72平方千米，为南北向的长方形。宫城设置八门，南五门，即承天门（清改为天安门）、端门、午门、左掖门、右掖门，东为东华门，西为西华门，北为玄武门（清改为神武门）。宫城内压在中轴线上的有7座主要建筑物，以乾清门为分界，分为前后两部分，即前朝后寝。前三殿为奉天殿（嘉靖四十一年改为皇极，清改为太和）、华盖殿（同上改为中极，清改为中和）、谨身殿（同上改为建极，清改为保和），后三殿为乾清宫、交泰殿、坤宁宫。宫城周围有护城河，宽达52米，称为御河（清称筒子河）。清代紫禁城的建筑物多有重建，名称也有变迁，但基本上维持了明代的规模。

北京内外城的街道格局，以通向各个城门的街道最宽，为全城的主干道，大都呈东西、南北向，斜街较少，但内、外城也有差别。外城先形成市区，后筑城墙，街巷密集，许多街道都不端直。通向各个城门的大街，也多以城门命名，如崇文门大街、长安大街、宣武门大街、西长安街、阜成门街、安定门大街、德胜门街等（见图1-19）。被各条大街分割的区域，又有许多街巷，根据《京师五城坊巷胡同集》的统计，北京内、外城及附近郊区，共有街巷村约1264条左右，其中胡同约457条。比较而言，以正阳门里，皇城两边的中城地区街巷最为密集，达300余条。这是由于中城地理位置优越，处在全城的中部，又接近皇城和紫禁城，人口自然稠密。

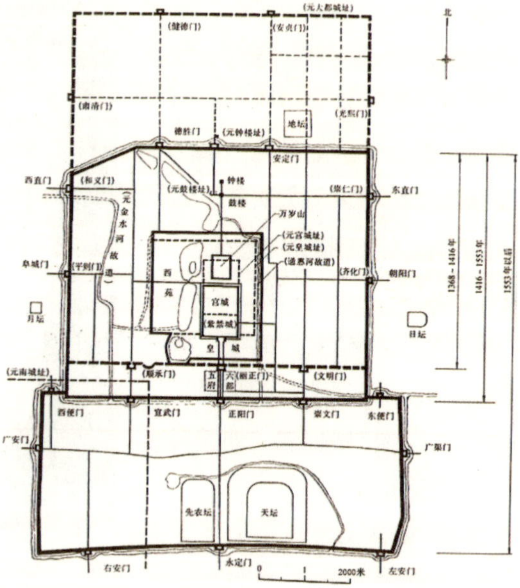

图1-19　元大都与明清北京城平面布局图

图1-20　北京故宫太和殿（俗称“金銮殿”，“东方三大殿”之一，位于北京紫禁城南北中轴线的显要位置，是中国现存最大的木结构大殿）

二、宫殿建筑

宫殿建筑又称宫廷建筑，是皇帝为了巩固自己的统治，突出皇权的威严，满足精神生活和物质生活的享受而建造的规模巨大、气势雄伟的建筑物。这些建筑大多金玉交辉、巍峨壮观（见图1-20）。一般情况下，皇帝处理政务和举行典礼的地方称为殿，生活起居之处称宫。宫殿建筑作为王权的象征，是各个朝代都城建筑的核心，是我国古代建筑中最高级、最豪华、艺术价值最高的一种类型。

（一）宫殿建筑的主题

“唯王是尊”、“君尊臣卑”是传统宫殿建筑的主题。在中国古代社会，君主是国家权力的独裁者，拥有至高无上的地位和尊严，是神圣不可侵犯的。“唯王是尊”成为中国传统宫殿建筑的指导思想。宫殿建筑的建筑布局、空间处理和装饰陈设等方面，处处突出皇家气派，以显示君权的高贵至尊（见图1-21、图1-22）。

在传统宫殿建筑中，以“礼”为规范，凡是皇帝所属的建筑皆享用最高级别的礼遇。通过建筑等级的划分维护“君尊臣卑”的伦序，以突出君王的神圣和崇高。在各代的法典中，都对宫殿建筑的专用技术和装饰做出明确的规定，其他建筑类型一律不得僭越。

（二）宫殿建筑的布局特征

1. 象天设都

“象天设都”指的是模仿天象安排宫殿建筑的布局。中国传统的宇宙观认为，天帝居住的地方，称紫微宫，位于天宫的正中。帝星位于北极之处，居中坐镇。满天星斗环绕帝星，如臣奉君。在帝星的左右，由象征文武潘卫的12星辰组成的两组星阵。在帝星之后，有象征帝后嫔妃的诸星簇拥。现实生活的君主们以紫薇神宫为模仿对象，在地上构筑出心中的紫薇神宫，由此导致了“象天设都”心理的产生。

2. 严格的中轴对称

为了表现君权受命于天和以皇权为核心的等级观念，宫殿建筑采取严格的中轴对称的布局方式（见图1-23）。中轴线上的建筑高大华丽，轴线两侧的建筑低小简单。这种明显的反差体现了皇权的至高无上；中轴线纵长深远，更显示了帝王宫殿的尊严华贵。

图1-21 故宫太和殿龙椅

图1-22 故宫太和殿飞檐上的垂脊兽

图1-23 故宫的建筑布局

3. 左祖右社，或称左庙右社

中国的礼制思想，有一个重要内容，就是崇敬祖先、提倡孝道；祭祀土地神和粮食神，祈求风调雨顺，国泰民安。所谓“左祖”，是在宫殿左前方设祖庙，祖庙是帝王祭祀祖先的地方，因为是天子的祖庙，故称太庙（见图1-24）；所谓“右社”，是在宫殿右前方设社稷坛，社为土地，稷为粮食，社稷坛是帝王祭祀土地神、粮食神的地方。古代以左为上，所以左在前，右在后。

4. 前朝后寝

宫殿建筑群大体上有前后两部分，“前堂后室”，即“前朝后寝”。所谓“前朝”，即为帝王上朝治政、举行大典之处，一般位于南边。所谓“后寝”，即帝王与后妃们生活居住的地方，一般位于北半部。

（三）宫殿建筑的外部陈设

1. 石狮

宫殿大门前都有一对石狮（或铜狮）。石狮（或铜狮）有辟邪的作用，又因为狮子是兽中之王，所以又有显示“尊贵”和“威严”的作用（见图1-25）。按照中国文化的传统习俗成对石狮系左雄右雌。还可以从狮爪所踩之物来辨别雄雌。爪下为球，象征着统一寰宇和无上权力，必为雄狮。爪下踩着幼狮，象征着子孙绵延，必定是雌狮。在中华大地还有北狮、南狮之分。北狮雄壮威严，南狮活泼有趣。还有所谓的“三王狮”，是因为狮子是兽中之王，而狮子所蹲之石刻着凤凰和牡丹，凤凰是鸟中之王，牡丹是花中之王，故称“三王狮”。

2. 日晷

日晷即日影，它利用太阳的投影和地球自转的原理，借指针所生阴影的位置来显示时间。日晷象征皇权，表示皇帝控制着宇宙时间（见图1-26）。

图1-24　故宫太庙前殿

图1-25　故宫门前的铜狮

3. 嘉量

嘉量是我国古时的标准量器。全套量器从大到小依次为：斛、斗、升、合、龠（yu è）。其含有统一度量衡的意义，象征着国家统一和强盛（见图1-27）。

4. 吉祥缸

吉祥缸是指置于宫殿前盛满清水以防火灾的水缸，有的是铜铸的，古代称之为“门海”，以比喻缸中水似海可以扑灭火灾，故又被誉之为吉祥缸。如北京故宫中的吉祥缸（见图1-28），古时每年冬天在缸外套上棉套，覆上缸盖，下边石座内燃炭火，以防止冰冻，直到天气回暖时才撤火。

5. 鼎式香炉

有盖为鼎，无盖为炉，是古代的一种礼器，举行大典时用来燃檀香和松枝，如故宫乾清宫前的鼎式香炉即为这种礼器（见图1-29）。

6. 铜龟、铜鹤

龟和鹤是中国文化中的神灵动物，用来象征长寿，庆贺享受天年。最有名的被称之为龙头龟、仙鹤　（见图1-30、图1-31）。

图1-26　故宫中的日晷

图1-27　故宫中的嘉量

图1-28　故宫中的吉祥缸

图1-29　故宫内的鼎式铜香炉

图1-30　故宫内的铜龟

图1-31　故宫内的铜鹤

图1-32 故宫内的社稷江山金殿

图1-33 故宫内的御路石

7. 社稷江山金殿

社稷江山金殿是国家形象的表现，象征江山社稷、国家政权均掌握在皇帝的手中，提醒皇帝不忘社稷江山，如故宫乾清宫前即有社稷江山金殿（见图1-32）。

8. 御路石

御路石位于宫殿前三出踏跺式台阶的中路斜坡上，两侧的台阶是轿夫走的，而皇帝进出时，大多乘坐轿子，所以，中间的御路石雕刻成龙纹图案（见图1-33）。

9. 排水的龙头

宫殿汉白玉台基的栏杆下设有排水的龙头，暴雨时可形成千龙喷水的壮观景象，用来显示皇威（见图1-34）。

（四）宫殿建筑的装饰设计

历代宫殿建筑在装饰上十分考究，力求华美高贵，富丽堂皇。在装饰上，采用硕大的斗拱、金黄色的琉璃瓦铺顶、绚丽的彩画、高大的盘龙金柱、雕镂细腻的天花藻井、汉白玉台基、栏板，以及屋脊上的垂脊兽，以显示宫殿的豪华富贵（见图1-35至图1-38）。

（五）举例

中国宫殿建筑以北京的故宫为代表。故宫又名紫禁城，是明清两朝皇帝的宫廷，先后有24位皇帝在此居住过。故宫占地面积72万平方米，有房屋9000多间，故宫周围是数米高的红色围墙，周长3400多米，墙外是护城河。故宫规模之大、风格之独特、陈设之华丽、建筑之辉煌，在世界宫殿建筑中极为罕见

（见图1-39）。

故宫分前后两部分，前一部分是皇帝举行重大典礼、发布命令的地方，主要建筑有太和殿、中和殿、保和殿。这些建筑都建在汉白玉砌成的8米高的台基上，远望犹如神话中的琼宫仙阙，建筑形象严肃、庄严、壮丽、雄伟，3个大殿的内部均装饰得金碧辉煌。故宫的后一部分——“内廷”是皇帝处理政务和后妃们居住的地方，这一部分的主要建筑乾清宫、坤宁宫、御花园等都富有浓郁的生活气息，建筑多包括花园、书斋、馆榭、山石等，它们均自成院落。

图1-34　故宫内的排水龙头石雕

图1-35　故宫内的兽吻

图1-36　故宫太和殿龙凤藻井

图1-37　故宫内的台基

图1-38　故宫太和门梁架彩画

图1-39　故宫角楼

第三节　明伦示礼——礼制建筑

"礼"为中国古代"六艺"之一，并集中地反映了封建社会中的天人关系、阶级和等级关系、人伦关系、行为准则等，是上层建筑的重要组成部分，在维系封建统治中起着很大的作用，能够体现这一宗法礼制的建筑都可以称为礼制性建筑。

礼制性建筑的地位远高于实用性建筑。礼对建筑的制约，首先表现在建筑类型上形成了一整套庞大的礼制性建筑系列，而且把这些礼制性建筑摆到建筑活动的首位。

礼制性建筑起源早、延续久、形制尊、数量多、规模大、艺术成就高，从建筑类型上，可以分为5个类别：坛、庙、宗祠；明堂；陵墓；朝、堂；阙、华表、牌 坊等。

一、坛、庙、宗祠类建筑

由于祭祀在古代被列为立国治人之本，排在国家大事之首，因此祭祀天地、日月、山川、社稷的坛，祭祀圣贤的庙以及祭祀祖先的宗祠在建筑中占据着最为重要的地位。

（一）坛

"坛"，《说文解字》解释为"祭场"，原来是指在平坦的地面上用土堆筑的高台。在我国古代，坛的主要功能是用于祭祀，所以就有了"祭坛"的名称。祭坛的出现，与史前人类在露天环境下祭拜自然神的活动密切相关。当时，人们为了吸引神明的注意，使自己的祈望更好地传达给神明，往往利用自然形成的土丘、高岗或山头等较高的地形来构筑祭坛。例如，在辽宁凌源县城子山发现的红山文化祭坛即坐落在山顶；位于凌源、建平交界处的牛河梁女神庙遗址也在高山之顶；而在浙江余杭的瑶山之顶，也发现了一处良渚文化的祭坛。

进入文明时代以后，中国古代帝王自称"天子"，他们对天地非常崇敬。历史上的每一个皇帝都把祭祀天地当成一项非常重要的政治活动。而祭祀建筑在帝王的都城建设中具有举足轻重的地位，必然要集中人力、物力、财力，以最高的技术水平，最完美的艺术去建造大型祭坛建筑。在封建社会后期营建的天坛，是中国众多祭祀建筑中最具代表性的作品。其所祭祀的对象，也逐渐集中在天、地、日、月、社稷、先农等几种最高的自然神和带有浓重的自然神色彩的高级神祇上。由人间最高的统治者（或其代表）来主祭自然界中最高的神祇，这就使祭坛建筑在古代祭祀建筑中占据了较高的地位与规格，拥有了一种不同的神圣与至上，而这种特性，又是其他祭祀建筑所没有的。

祭祀建筑有着广义、狭义的分别。狭义的祭坛仅指祭祀的主体建筑，即方形或圆形的祭台（见图1-40）。而广义的祭坛则包括了主体建筑和各种附属性建筑。以现存北京的明清天坛为例（见图1-41）：狭义的天坛即指圜丘坛，而广义的天坛则包括了斋宫、祈年殿（见图1-42）、皇穹宇、宰牲亭等其他所有建筑物。与人间等级森严的现实相对应，封建时代的统治阶级也将天地神祇分出了不同的等级。这样，作为祭祀建筑的祭坛也就在形制、规模、材料等诸多方面有了明显的高下之分。以明清时期所筑祭坛来看，天帝是最高的神，因而祭天之坛便设计为三层；社稷是国家的同义词，故而社稷坛也被做成三层；地坛为两层，日坛（见图1-43）、月坛和先农坛都是一层。层数的多少完全是依照神格而定的。

（二）庙

庙是古代供祀祖宗的地方。古代对庙的规模有严格的等级限制。《礼记·明堂位》中说："天子七庙，卿五庙，大夫三庙，士一庙。"奉祀皇族祖先灵位的称为"太庙"，世家或富豪宅邸内奉祀祖先处称为"家庙"。汉代以

图1-40　唐代的圜丘（天坛）遗址 / 陕西西安

图1-41　明清天坛遗址全景 / 北京

后，庙有祭祀鬼神的，有祭祀圣贤者，如祭祀孔子的称文庙或先师庙，祭祀武人的称为武庙。如山东曲阜的文庙（见图1-44、图1-45）、张家口的关帝武庙等，都颇具盛名。此外，还有基于民间信仰而祭祀神灵的庙，如称镇守神祠为城隍庙、富贵神祠为财神庙，天妃庙（后改称天后宫）、娘娘庙等也属这种类型。

庙宇结构有台基、主体与屋顶3个主要部分。

图1-42　明清天坛的祈年殿

图1-43　明清日坛遗址 / 北京

（三）宗祠

宗祠又称宗庙、祖祠、祠堂。它是供设祖先的神主牌位、举行祭祖活动的场所，又是从事家族宣传、执行族规家法、议事宴饮的地方。文献记载，最晚到汉代已建祠堂。《汉书·张禹传》："禹年老自治冢茔，起祠室。"《后汉书·清河孝王庆传》："朝廷大恩，犹当应有祠室，庶母子并食，魂灵有所依庇。"根据实物资料，民间建造家族祠堂，可追溯到唐五代时期。莆田刺桐金紫方氏祠堂便是建于唐末，安徽黄山棠樾村中的鲍家祠堂建于明清时期，其中敦本堂是棠樾鲍氏的"男祠"，供奉鲍姓各世祖宗（见图1-46）；清懿堂是鲍氏家族为了颂扬鲍氏历代烈女贞妇而建的纪念馆，是中国少有的"女祠"；此外，还有教育后代修身"慈孝"的世孝祠等。

图1-44　山东曲阜文庙

图1-45　文庙大成殿

图1-46　安徽黄山鲍家祠堂——敦本堂

二、明堂

明堂作为最独特的礼制性建筑，是中国先秦时帝王会见诸侯、进行祭祀活动的场所，是帝王宣明政教的地方，后来衍生成诸多礼制功能的综合体，“礼”的理想模式在明堂建筑中有充分的体现。

据文献记载，明堂创始于黄帝，夏代叫“世室”，商代叫“重屋”，周代才叫“明堂”。古代文化的中心在宗教，而明堂则是以宗教为中心，集宗教、政事、教化为一体，是古代最高统治者的“大本营”。商周以后，明堂的职能渐渐发生分化，主要是天子祭天祀祖的所在，实际上就是皇家教堂。能在明堂与上帝一起共享祭祀的先祖，自然是最受后世尊崇的帝王。例如，西周是周文王，西汉是汉高祖。

据《逸周书·明堂解第五十五》的解释，明堂是周公所建，目的是为明诸侯之尊卑，所以在明堂朝见诸侯。明堂的式样为“明堂方百一十二尺，高四尺，阶广六尺三寸。室居中方百尺，室中方六十尺，户高八尺，广四尺。东应门，南库门，西皋门，北雉门。东方曰青阳，南方曰明堂，西方曰总章，北方曰玄堂，中央曰太庙。左为左介，右为右介”。天子于明堂朝见诸侯时，各人的站位为：“天子之位，负斧依，南面立。率公卿士，侍于左右。三公之位，中阶之前。北面东上，诸侯之位。西阶之西，东面北上，诸子之位。门内之东，北面东上，诸男之位。门内之西，北面东上，九夷之国。东门之外，西面北上，八蛮之国。南门之外，北面东上，六戎之国。西门之外，难免南上，五狄之国。北门之外，难免东上，四塞九采之国。世告至者，应门之外，北而东上，宗周明堂之位也。”

但儒家经典对明堂的建筑模式没有明确记载，所以后代众说纷纭。汉武帝封禅泰山后，想仿照古代传统修建明堂，却无人能说清其具体样式。于是方士公玉带献上了一张黄帝时期的明堂图：图中有一宫殿，四面无壁，以茅草为盖，四周环水。汉武帝就照这张图，修建了汉家明堂。但据后人考证，这张黄帝明堂图是公玉带伪造的。尽管如此，汉代以后历代王朝所建明堂，基本上沿袭了这一模式，即宫殿上圆下方，四周环水（见图1-47）。这在古代有着神秘的象征意义。东汉桓谭解释说：“天称明，所以命名曰明堂。上圆法天，下方法地，八窗法八风，四达法四时，九室法九州，十二座法十二月，三十六户法三十六雨，七十二牖法七十二风。”

历代所建明堂，以唐朝武则天在东都洛阳所建的最为壮观（见图1-48、图1-49），高二百九十四尺，东西广三百尺，号称“万象神宫”，是中国古代最宏伟的木结构建筑之一。

三、陵墓建筑

中国古人基于人死而灵魂不灭的观念，普遍重视丧葬。尤其是汉代以后，在儒家“慎终追远”的孝道观支配下，丧葬成了行孝道的重要环节，丧葬之礼也就成了礼制的重要组成部分，陵墓也成了礼制性建筑的主要组成部分。因此，无论任何阶层对陵墓都精心构筑。在漫长的历史进程中，中国陵墓建筑得到了长足的发展，产生了举世罕见的、庞大的古代帝、后墓群，而且逐步与绘画、书法、雕刻等诸艺术门派融为一体，成为反映多种艺术成就的综合体，如久负盛名的秦始皇陵、唐昭陵、明十三陵等都具有这样的特点。

图1-47　汉平帝明堂复原图

图1-48　洛阳唐代明堂遗址

图1-49 唐代明堂复原图

图1-50 秦始皇帝陵遗址 / 陕西临潼

中国陵墓建筑一般都是利用自然地形，靠山而建，也有少数建造在平原上。陵园的布局大都是四周筑墙，四面开门，四角建造角楼。陵前建有甬道，甬道两侧有石人、石兽雕像，陵园内松柏苍翠、树木森森，给人肃穆、宁静之感。

位于陕西省西安市骊山北麓的秦始皇陵是中国最著名的陵墓，建于2000多年前（见图1-50）。被誉为“世界第八大奇迹”的秦始皇兵马俑就是守卫这座陵墓的“部队”。秦始皇兵马俑气势恢宏、雕塑和制作工艺高超，于1987年被列入《世界遗产名录》（见图1-51）。世界遗产委员会曾这样评价：那些环绕在秦始皇陵墓周围的著名陶俑形态各异，连同他们的战马、战车和武器，都是现实主义的完美杰作，同时也保留了极高的历史价值。

明十三陵是中国帝王的陵墓中保存最为完整的。明朝皇帝的陵墓主要在北京的昌平，即十三陵，为明代定都北京后13位皇帝的陵墓群，位于北京市昌平区城北天寿山下一个三面环山、向南开口的小盆地内。小盆地内的山坡上错落有致地分布着这些帝王的陵墓，占地面积达40平方公里。陵区内共埋葬着13位帝王、23位皇后和众多的妃子、皇子、公主及从葬的宫女等。

图1-51 秦始皇陵兵马俑坑 / 陕西临潼

明十三陵规模宏伟壮丽，景色苍秀，气势雄阔，是国内现存最集中、最完整的陵园建筑群。其中规模最宏伟的是长陵（明成祖朱棣）（见图1-52至图1-54）和定陵（明神宗朱翊钧）

图1-52　明长陵全景图 / 北京昌平

图1-53　明代长陵明楼

图1-54　明代长陵祾恩殿内的内景

图1-55　明代定陵 / 北京昌平

（见图1-55）。长陵由三个院落组成，由南往北分布有石牌坊、大红门、碑亭、祾恩殿、内红门、明楼等建筑。经挖掘发现，定陵地宫的石拱结构坚实，四周排水设备良好，积水极少，石拱无一塌陷，这充分展示了中国古人建造地下建筑的高超技术。

四、朝、堂

朝是宫城中帝王进行政务活动和礼仪庆典的行政区，在于显示帝王的唯我独尊、皇权的统一天下及封建统治的江山永固，所以也泛指朝廷（见图1-56）。

堂是渗透在宅第中的礼制性空间，是传统宅第空间布局的核心和重点，家庭中的敬神祭祖、宾客相见、婚丧大典、节庆宴饮都在这里举行，即民居中的堂屋（见图1-57）。

图1-56 清代故宫朝廷

图1-57 江苏周庄沈厅松茂堂

五、阙、华表、牌坊

阙一方面起着“标表”的作用，用来标示建筑组群的隆重性质和等级名分，另一方面起着强化威仪的作用，其有效地渲染建筑组群入口和神道的壮观气势，唐宋以后演化成宫廷广场的礼制性门楼。我国古代著名的阙以汉阙最为多见，如山东嘉祥武梁祠汉阙，四川雅安高颐阙（见图1-58），河南登封的少室阙、太室阙、启母阙等都是典型的阙类建筑遗存。

华表，两汉时称桓表，也称为神道柱、石望柱、表、标、碣，起源于原始社会部落的图腾柱子，以后演变为立于宫殿、亭隅、桥头、墓前起标志作用的东西，是一种建筑化的仪仗，有效地起到表崇遵规、显示隆重和强化威仪的作用。华表一般由底座、蟠龙柱、承露盘和其上的蹲兽组成。柱身多雕刻龙凤等图案，上部横插着雕花的石板。华表是一种标志性建筑，已经成为中国的象征之一（见图1-59、图1-60）。

图1-58 四川雅安高颐阙

图1-59 北京天安门前华表

图1-60 北京天安门前华表局部

牌坊是封建社会为表彰功勋、科第、德政以及忠孝节义所立的建筑物，多见于南方。也有一些宫观寺庙以牌坊作为山门的，这种牌坊也称牌楼，多见于北方，是一种门洞式纪念性建筑物，宣扬封建礼教，标榜功德。牌坊也是祠堂的附属建筑物，昭示家族先人的高尚美德和丰功伟绩，兼有祭祖的功能。

牌坊滥觞于汉，成熟于唐、宋，至明、清登峰造极，它由具有防范功能的实用性牌门脱胎演变成了标志性、表彰性的存精神功能的牌坊，既用于离宫、苑囿、寺观、祠庙、陵墓等大型建筑组群的入口前导，起显示尊贵身份，组织门面空间，丰富组群层次，强化隆重气氛等作用，也用于街市的起点、十字路口、桥梁端头，景观性也很强，起到点题、框景、借景等效果。

牌坊可算是最突出的礼制性建筑小品，牌坊就其建造意图来说，可分为功德牌坊、贞洁道德牌坊、家族牌坊、标志坊4类。如安徽棠樾青石牌坊群，明代3座，清代4座，共有7座牌坊组成的宣扬“忠、孝、节、义”的功德牌坊群（见图1-61）。

牌楼有街道牌楼、宫苑庙宇牌楼，以及官属、陵寝、专事牌楼等。如兴建于明万历六年（1578）的“胡文光牌坊”，俗称“西递牌楼”，高高耸峙在眼前（见图1-62）。当时的西递人胡文光（1521～1593）登嘉靖乙卯科进士，先为江西万载县知县，后为胶州刺史，迁荆王府长史，授四品朝列大夫。因其政绩显著，皇帝遂恩准敕建这座石坊。

图1-61　安徽棠樾功德牌坊群

图1-62　安徽黄山西递牌楼

第四节　庭院深深——民居建筑

民居是相对于宫殿而言的，泛指除皇室宫殿以外的民间居住建筑。它既包括贵族的府邸园宅，又包括庶民百姓的住宅。

中华民族是一个历史悠久民族众多和幅员广大的国家，在几千年的历史文化进程中积累了丰富多彩的民居建筑的经验，在漫长的农业社会中，生产力的水平比较落后，人们为了获得比较理想的栖息环境，以朴素的生态观，顺应自然和以最简便的手法创造了宜人的居住环境。中国民居结合自然、气候、风俗习惯、宗教信仰等因素，产生了因地制宜、丰富的心理效应和超凡的审美意境。

一、民居建筑的样式与地域特色

民居建筑是最基本的建筑类型，出现最早、分布最广、数量最多。民居建筑景观的形成和发展主要受自然因素和社会因素的影响，由于中国各地区的自然环境和人文情况不同，各地民居也显现出多样化的面貌。

（一）北方四合院民居

我国汉族地区传统民居的主流是规整式住宅，以采取中轴对称方式布局的北京四合院为典型代表。北京四合院的布局特征是以轴线为主体，建筑序列从平面铺开，左右对称，前后呼应，围合成封闭的院落（见图1-63、图1-64）。

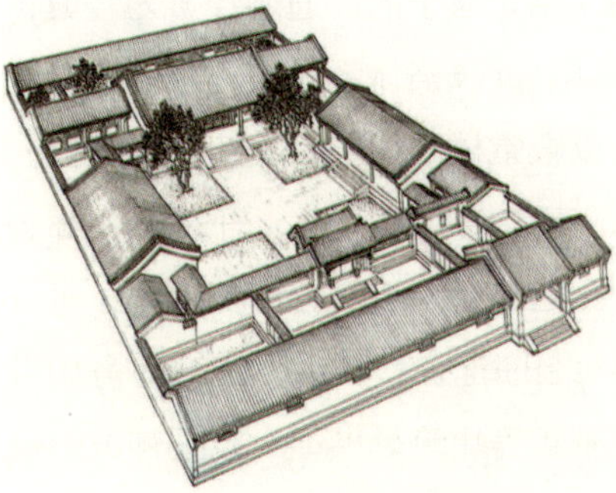

图1-63　北方四合院布局图

图1-64　北方四合院

其院落分前后两院，居中的正房体制最为尊崇，是举行家庭礼仪、接见尊贵宾客的地方，各幢房屋朝向院内，以游廊相连接。北京四合院虽是中国封建社会宗法观念和家庭制度在居住建筑上的具体表现，但庭院方阔，尺度合宜，宁静亲切，花木井然，是十分理想的室外生活空间。华北、东北地区的民居大多是这种宽敞的庭院。这类大院建筑气势威严、高大华贵、粗犷中不失细腻，平面而又立体的表现形式，彰显出四平八稳的姿态，处处是以礼为本的建筑特色。

图1－65　四合院的建筑装饰

在结构和装饰方面，北方四合院以简洁朴素适用为主。一般房屋在梁柱式木构架的外围砌砖墙，屋顶以硬山顶居多。为了保暖，墙与屋顶都比较厚实，并在屋内砌炕取暖，内外地面铺方砖。在结构上不使用斗拱，屋顶与屋脊多为圆缓的弧形，或为素砌的平脊上加少量砖雕与低小的起翘。屋顶与墙面呈青灰色和灰白色。贵族府邸多用琉璃瓦、朱红门墙与金色装饰。普通百姓家仅在门框、走廊等处施以彩色，以突出院落的层次。室内多用罩、博古架、隔扇等巧妙地区割空间，顶部用纸棚修饰，绘以美丽的图案。室外装饰以砖雕、石雕为主，一般在大门、影壁、屋脊等砖面上雕刻人物故事、花鸟山水、祥禽瑞兽、福禄寿喜等方面的题材（见图1-65）。

（二）北方窑洞式民居

窑洞式民居是指以窑洞形式组成的住宅，主要分布在山西、陕西、河南、甘肃等黄土地区。其主要形式有靠窑室（见图1-66）和地坑窑（见图1-67）两种。

靠窑室，即在天然土壁面开凿横洞，入口为堂室，侧连一室做卧室，多在洞内加砌砖券或石券，以防泥土崩塌，有的在外壁也加砌砖石护壁。一般数栋相连，或上下数层地坑窑。比较豪华的，则在窑外建房修院，形成靠崖式窟院。

地坑窑也称平井窑，是在平坦的岗地上凿掘方形或长方形平面的方坑，沿着坑面开凿窑洞，以各种形式的阶梯通至地面，或掘隧道与附近天然崖面相通。地坑内可单门独户，也可以数家同院，还可以地坑相连，供二三十户人家居住。

图1－66　靠窑室窑洞

图1－67　地坑窑

窑洞式住宅的结构以拱券为主，由于内部空间的封闭，所以主要装饰集中在门窗与墙面，以门画、窗花、门帘、炕围等贴花和绣花的形式出现。

（三）江南水乡民居

江南水乡民居是指长江下游的苏州、杭州、湖州等地的居民住宅，始于7000年前的河姆渡文化时期，盛于明清时期，现存的江南水乡民居主要是明清时期的宅院。

江南水乡民居结合当地有利的地质和气候条件，同时也为了适应商贸生活和水上交通的需要，其布局极讲究对有限空间的巧妙利用，形成了临水面街、小桥深巷的独特特点。总体建筑上着意于修饰乡村外景，修建道路、桥梁、书院、牌坊、祠堂、临水楼阁等。其中小桥是水乡民居的重要组成部分，跨河而筑的小桥，或被民居团团簇拥，或倚两岸住宅之墙而筑，或直通住宅大门，造型上或宛如飞虹，或曲如小径，或直如横木，重重叠叠，虚实相映，独具韵味（见图1-68）。

江南水乡民居的色调以淡雅明快的白、灰、绿等为主，粉墙灰瓦倒映在碧绿的水中，柔和而宁静。在装饰设计上，尤其重视对门、窗、隔扇的装饰，尤其门的装饰最为突出，以砖雕、石雕为主，雕成仿木构梁、枋、斗拱，并作彩画，或浮雕花、鸟、人物等题材，极为秀丽精美。整个装饰和环境协调统一，使环境达到完善、优美的境界，虽然规模较小，内容稍简，但是具体入微。在艺术风格上别具一番纯朴、敦厚的乡土气息，同时又具有充实的文化氛围（见图1-69）。

图1－68　江南水乡——浙江乌镇

图1－69　江南水乡 / 江苏周庄

图1－70　徽派民居 / 安徽西递村

图1－71　徽派民居的马头翘角墙

（四）徽派民居

徽派民居位于安徽省歙县、绩溪县、休宁县、黄山等地区，始于秦汉时期，但目前可见的主要是明清时期的　建筑。

徽派古代民居的分布多沿地势依山傍水，高低错落，形成富有节奏韵律变化的院落组合。徽式宅居结构多为多进院落式集居形式（小型者以三合院式为多），一般坐北朝南，倚山面水，讲求风水价值。布局以中轴线对称分列，面阔三间，中为厅堂，两侧为室，厅堂前方称天井，采光通风，院落相套，造就出纵深自足其型家族生存空间。民居外观整体性和美感很强，高墙封闭，马头翘角，墙线错落有致，黑瓦白墙，色彩典雅大方（见图1－70）。

在装饰方面，徽州宅居的“三雕”（即砖雕、木雕、石雕）之美令人叹为观止，青砖门罩，石雕漏窗，木雕楹柱与建筑物融为一体，使建筑精美如诗，堪称徽式宅居的一大特色（见图1－71至图1－73）。其风格自然古朴，隐僻典雅。

（五）巴蜀民居

巴蜀文化博大精深，川渝古村民宅既有浪漫奔放的艺术风格，又蕴藏着丰富的想象力。依山傍水的建筑与当地的少数民族风俗紧密联系在一起，有着十分独特的文化气息。巴蜀民居既有豪迈大气的一面，又有轻巧雅致的一面。如土家族、苗族的居民便因地制宜，建造吊脚楼（见图1-74），民居前部地面悬空支起，后面落地。也由于这些地区树木多，民居建造中大量使用木材，所以吊脚楼成为一道奇特的景观。

图1－72　徽派建筑中的石雕漏窗

图1－73　徽派建筑中的青砖门罩

图1－74　湘西凤凰镇土家族吊脚楼

（六）岭南地区的民居

岭南民系的复杂性和岭南文化的多元性，造就了岭南民居鲜明的地方特色和个性特征，蕴含着丰富的文化内涵。由于岭南气候炎热，风雨常至，这里的民居形成小天井大进深，布局紧凑的平面形式，既便于防热辐射和风雨，又可以通风散热。除了注重其实用功能外，更要注重其自身的空间形式、艺术风格、民族传统以及与周围环境的协调。岭南民居由于民系众多，历史悠久，对外交流频繁，形成了千姿百态的民居形式，有城镇型民居，如广州西关大屋；有广府的三间两廊式；有潮汕式民居；有客家土楼民居（见图1-75、图1-76）；有侨乡碉楼民居（见图1-77）等。

图1－75　福建土楼

图1－76　土楼内景

图1－77　广东开平碉楼

（七）湘黔滇民居

湘黔滇地区的建筑形式丰富多彩，保留着鲜明的地域特征与不同的民族特色。在各民族居住地区，更多地保持着下部架空的干栏式构造的住宅，既适应于炎热多雨的气候，又可防止毒虫野兽的侵袭。城镇中多带有楼房的大型组群建筑（大住宅、会馆、店铺、寺庙、祠堂等），乡村多自由灵活的小型建筑（一般住宅、店铺）。屋顶坡度陡峻，翼角高翘，装修精致富丽，雕刻彩绘很多，以清秀灵逸的风格见长。人们根据不同材料建造了不同样式的宅居，如广西壮族的木楼、云南傣族的竹楼（见图1–78）、侗族村寨中的鼓楼、彝族的“土撑房”和苗族、布依族的“古头寨”等。

二、民居建筑的装饰

广义的建筑装饰应包括建筑的表面装修与建筑环境装饰两个方面，建筑物外表装饰最能体现中华民族装饰特征。在建筑物的装饰部位方面，屋顶装饰主要是屋脊、檐角与檐口，屋架主要是梁、斗拱与雀替，屋身较为重视门、窗的装饰，台础部分侧重于柱础、台阶的装饰（见图1–79至图1–82）。

室内环境是建筑物主要的使用空间，天棚是室内装饰的重点之一。木构方式可造出层次丰富的藻井，也可制成平列构架的平棋。

在所有的建筑装饰方法中，最重要而且最能代表中国建筑装饰特色的是彩

图1－78　云南傣族竹楼

图1－79　民居建筑中的彩画装饰

图1－80　民居建筑中的柱础石的装饰

图1－81　民居建筑中的木雕装饰

图1－82　民居建筑中的漏窗石雕装饰

绘和雕镂，其历史悠久，手法多样。

三、民居陈设

民居陈设包括居住环境中基本布置与陈设方式，即对各种式样的家具、摆设物、悬挂物、铺设物等进行功能和审美方面的综合规划和设计布置，成为营造宅居氛围的主要因素，有其较完善的造型样式及其发展历史，是日常生活中影响人们审美格调与文化素养的重要物品。陈设序列组成的原则是实现功能与艺术的统一，既要满足使用方便的要求，又必须形成均衡与稳定的视觉效果，让使用者产生心理和生理的适应与愉悦。

（一）民居陈设的主要布置方式

根据功能要求，厅堂与居室有着不同的布局与陈设方式。

厅堂大体有两种布局方式：一种是以正中为主摆放设施，而以环绕正中的

图1－83　厅堂陈设

地面与空间作为活动处所；另一种是以正面主墙为主摆放设施，辅以东西厢靠壁，将厅堂正中的空间作为活动场所。无论哪种方式，都形成一种与建筑中轴线对称的布局形式，与厅堂的通道、门窗联系起来，使厅堂处于活动的中心。

中华民族最常见的基本陈设方式是环绕四周而将当中留作活动场所的布局。如北方四合院的陈设，厅堂是多功能的室内公共空间，家庭祭祀、节日喜庆、亲朋往来、长幼教谕以及一日三餐、家人交谈大多在此（见图1-83）。厅堂成为敬天地、祭祖先、远鬼神和社交的重要场所。它的空间机能反映了中国社会交往中的基本要求，更多体现了家庭的文化品位、社会地位、审美追求与家庭自身的基本规范。厅堂的布局以建筑中轴线为对称的布局方式，以正面主墙为主要设施的摆放处所，将厅堂正中空间作为活动场所，显示中正、宽敞、高大、明亮等特点，这不仅是审美的要求，也是做人的道德追求。厅堂家具主要是桌、椅、案、几等，摆放制式较为恒定，根据不同场合的机能要求，家具摆放有统一的等级标准。

居室是休息和睡觉的场所，所以居室的布局方式具有幽静、隐秘、娴雅、自在的特点（见图1-84）。居室陈设物品有墙上悬挂的木石牌匾或字画，条案上摆放镜台、陶瓷器皿，取平安吉祥之意。居室一般设在厅堂两侧的耳房、厢房。卧床放在居室较暗的地方且距门较远，或以门帘、屏风、幔帐加以遮挡。居室主要为床、榻、箱、柜、卧椅、春凳、躺椅、坐墩等家具，同时摆放香囊、丝涤、拂尘等器物。

（二）民居陈设物件

作为民居研究对象的陈设物，主要是那些延续着民族形式的陈设方式与陈设物件。家具是最主要的基本陈设物件，其布局主次往往以功能为依据并形成室内不同的装饰陈设的重点，是室内陈设的重要因素，它造就了整个陈设的基本布局和基本格调。

图1－84　居室陈设

从家具的材料来看，常见的有木、藤、竹、瓷、石等，其中以木家具最多且最有特色，竹、藤、瓷家具则更有一定的地方风格与制作特色，石与金属家具较为少见。

从家具的制作风格上看，较著名的有京式、广式、苏式、宁式等，它们分别继承了不同时期、不同样式的造型特征，并形成了自己特殊的式样以及制作与装饰 手法。

从家具的品种来看，最主要的类型有床、榻、箱、柜、桌、案、椅、凳、几、架、屏。其中可分为以床榻为主的躺卧类家具，以箱、柜、橱为主的盛装类家具，以案、桌为主的摆放类家具，以椅、凳为主的倚坐类家具，以及架类、屏障类室内装置、装饰用的家具。

在室内陈设中还有屏、帐幔类家具。在陈设物中还包括花瓶、帽筒、栽花、插花、养盆景也是民家常备陈设之物，多富有生活情趣。

第五节　感灵祈福——宗教建筑

宗教建筑就是为宗教活动提供物质空间环境的处所。世界上不同宗教的建筑有不同的风格，中国的宗法伦理观念影响了几乎所有的中国宗教建筑类型，所以中国的宗教建筑深受中国古代建筑的影响，它们庄严雄伟，精美华丽，和自然的风景融为一体，具有浓郁的、特有的中国宗教建筑特色。中国古代的宗教主要有佛教、道教和伊斯兰教，还有很多如摩尼教（明教）、祆教（拜火教）、天主教、基督教等，其中尤以佛教、道教和伊斯兰教的建筑最具代表性。

一、佛教建筑

中国佛教建筑是随着佛教传入而发展起来的。尽管佛教是由印度传入中国的，但中国的佛教建筑与印度的佛教建筑大不相同，它是古印度佛教造型艺术和中国传统的建筑形式的完美结合。根据建筑形式的不同，佛教建筑可以分为佛寺、佛塔和石窟寺。

（一）寺院建筑

中国佛教寺院建筑起源于印度的寺庙建筑，大约在东汉初期传入我国，到北魏以后达于兴盛，并逐渐形成了自己独特的特点。

中国古代佛教寺院的布局大多是正面中路为山门，山门内左右分别为钟楼、鼓楼，正面是天王殿，殿内有四大金刚塑像，后面依次为大雄宝殿和藏经楼，僧房、斋堂则分列正中路左右两侧。隋唐以前的佛寺，一般在寺前或宅院中心造塔，隋唐以后，佛殿普遍代替了佛塔，寺庙内大多另辟塔院。其建筑布局的基本规律是：平面方形，以山门—天王殿—大雄宝殿—本寺主供菩萨殿—法堂—藏经楼这条南北纵深轴线来组织空间，对称稳重且整饬严谨。沿着这条中轴线，前后建筑起承转合，宛若一曲前呼后应、气韵生动的乐章。中国寺庙的建筑之美就体现在群山、松柏、流水、殿落与亭廊的相互呼应之间，含蓄温润，展示出组合变幻所赋予的和谐、宁静及韵味。

比较经典的佛教寺院建筑有河南洛阳白马寺（见图1-85）、山西五台山南禅寺（见图1-86）、五台山佛光寺、河北正定隆兴寺、天津蓟县独乐寺（见图1-87）等。

图1－85　河南洛阳白马寺 / 汉代

图1－86　山西五台山南禅寺大殿 / 唐代

藏传喇嘛寺院的建筑一直采用厚墙、平顶的样式，没有受中原佛教的影响，西藏萨迦寺就是中国藏式平川式寺院建筑的代表（见图1-88）。南传小乘佛教分布范围小，在我国西双版纳一带，建筑和中原一样，没有大的区别，云南西双版纳曼苏满寺就是小乘佛教建筑的代表。

（二）佛塔建筑

中国的佛塔起源于印度，原是用于珍藏佛家的舍利子和供奉佛像、佛经，也被意译为“方坟”、“圆冢”，直到隋唐时，翻译家才创造出了“塔”字，作为统一的译名，沿用至今。

中国的佛塔建筑在东汉末年，就已经风行全国了。据《后汉书》记载，汉末三国时期，丹阳人笮融“大起浮屠。上累金盘，下为重楼，有堂阁周回，可容三千许人”，这些描述真实地记载了当时佛塔建筑的宏大与华丽。

原来印度的佛塔是覆钵状的圆坟形，上饰杆和伞，后发展成相轮（在塔顶竖一根金属刹，用七重或九重铁环套在刹身）。佛塔传入中国后，中国的工匠们将印度原有的覆盆式的塔的造型与中国传统的楼阁相结合，便产生了楼阁式的佛塔。继而由楼阁式衍生出密檐式塔。我国幅员辽阔，不同地区具有不同的地域文化特点，因此便派生出了各种不同风格、不同式样的佛塔。但塔的基本结构是由地宫、基座、塔身、塔刹组成，塔基有四方形、圆形、多角形。塔身以阶梯层层向上垒筑，逐渐收拢。塔的平面以方形、八角形为多，也有六角形、十二角形、圆形等形状。塔有实心、空心，单塔、双塔，登塔眺望是我国佛塔的功能之一。塔的层数一般为单数。

就现存的塔来看，其种类繁多，按照建筑材质还可以分为木塔、砖塔、

图1－87　天津蓟县独乐寺 / 辽代

图1－88　西藏萨迦寺 / 元代

砖木塔、石塔、铜塔、铁塔和琉璃砖塔等。从建筑形态上，塔可以分为楼阁式塔、密檐式塔、亭阁式塔、覆钵式喇嘛塔、金刚宝座塔、花塔、过街塔及宝箧印经塔等。

楼阁式佛塔是我国汉族特有的佛塔建筑样式，来源于中国传统建筑中的楼阁。这种塔的每层间距相近且比较大，一般每层都设有券门（拱门）或假门，一眼望去就像一座高层的楼阁。塔身内部一般是空心的，设有砖石或木制的楼梯可攀登。很多砖木结构的楼阁式塔在每一层塔身外部都设有环形走廊平台及栏杆，可供人们登临远眺。另外，有的楼阁式塔在第一层有外廊（也叫“副阶”），外廊加强了塔的稳定性，也使其更为壮观，并且能有效地防止地基被雨水冲刷，提高了塔的寿命。楼阁式塔为数众多、历史最久、形式也更为壮观。从平面形式分，有正方、六角、八角以及十二角等多种形体。依建筑材料而言，可分为楼阁式木塔、楼阁式砖塔、楼阁式石塔、楼阁式琉璃塔、楼阁式金属塔等。我国著名的楼阁式塔有陕西西安大雁塔（见图1-89）、山西应县木塔（见图1-90）、宁夏银川海宝塔、浙江杭州六和塔、河北定县开元寺塔、上海松江方塔、浙江杭州灵隐寺石塔、福建泉州开元寺双塔、南京报恩寺琉璃塔、河南开封铁塔（见图1-91、图1-92）及湖北当阳玉泉寺铁塔等。

密檐式佛塔是由楼阁式的木塔向砖石结构发展时而演变来的，多为砖石结构，一般是实心建筑，不能登临，造型比较单一。其特点是下部一般均建有须

图1－89　陕西西安慈恩寺大雁塔／唐代

图1－90　山西应县木塔／辽代

图1－91　河南开封铁塔／宋代

图1－92　河南开封铁塔局部

图1－93　云南大理崇圣寺密檐塔 / 唐代

弥座，底层塔身较高，以上各层较低，不设门窗，有也只是通风小孔。以砖石结构为多，隋、唐时多为正方形平面，辽、金时八角形平面逐渐替代正方形平面，塔身表面装饰极为华丽，各面布满了佛像、菩萨、力士、飞天等造像。明清时期亦有仿辽密檐塔多座。全国著名的密檐式塔有河南登封嵩岳寺塔、法王寺塔和永泰寺塔、云南大理三塔（见图1-93）、陕西西安小雁塔、南京栖霞寺塔、山西灵丘觉山寺塔、北京天宁寺塔、北京通州燃灯塔及辽宁辽阳的白塔（见图1-94）等。

亭阁式塔是印度"窣堵波"与我国传统建筑中的亭阁相结合的产物，常指塔檐仅一层的单层塔，大多建于隋、唐时期，唐代尤多。亭阁式塔都是单层的，有的还在顶上加建一个小阁，在塔身的内部一般设立佛龛，安置佛像。早期亭阁式塔为木质结构，后来被砖石所取代。亭阁式塔后来也被许多高僧们所采用，作为墓塔。现存亭阁式塔通常都是僧尼的墓塔。塔的平面以正方形居多，六角、八角和圆形也有（见图1-95）。我国著名的亭阁式塔有

图1－94　辽宁辽阳白塔 / 金代

图1－95　内蒙古宁城大明塔 / 辽代

图1－96　山西五台山佛光寺祖师塔 / 唐代

图1－97　山西运城泛舟禅师塔 / 唐代

图1－98　河南登封会善寺净藏禅师塔 / 唐代

山西五台佛光寺祖师塔（见图1-96）、山东历城神通寺四门塔、山西平顺明惠大师塔、山西运城泛舟禅师塔（见图1-97）、河南登封会善寺净藏禅师塔（见图1-98）及河南安阳修定寺塔等。

喇嘛塔是喇嘛教的一种独特的建筑形式，与印度“窣堵波”很相近。喇嘛塔主要特点是：台基与塔刹造型讲究在一个高大基座上安置一个巨大的圆形塔肚，其上竖立一根长长的塔顶，塔顶上刻成许多圆轮，再安置华盖和仰月宝珠。喇嘛塔起源于元朝，在明、清时期进一步发展。明、清时期喇嘛塔除用以埋葬活佛外，大部分塔内都藏有佛像，供朝拜之用。全国著名的喇嘛塔有北京妙应寺白塔（见图1-99）、西藏江孜白居寺菩提塔（见图1-100）、北京北海白塔（见图1-101）、山西五台山塔院寺大白塔、江苏镇江昭关石塔、西藏拉萨布达拉宫内的达赖喇嘛灵塔等。

金刚宝座塔并非指单体塔的造型，而是一种塔的组群形式，一般是中央一座主塔，其四角各设一座小塔，其中主塔和小塔的形制并不固定，有密檐式、覆钵式等，其形式源于印度，象征密宗金刚部的五方佛。这种建筑在敦煌石窟南北朝时期的壁画中已经出现，而最早的实物始见于明代。中国式的金刚宝座塔比印度提高了塔基座，缩小了基座上的小塔，增加了传统的琉璃亭，尤其在塔座和塔身的装饰雕刻中，掺入大量喇嘛教的题材和风格。我国仅存十几座这种塔，其中以北京大正觉寺金刚宝座塔（见图1-102）、北京西黄寺清净化域塔（见图1-103）、北京碧云寺金刚宝座塔及内蒙古呼和浩特慈灯寺塔（见图1-104）最为著名。

花塔又称华塔，始现于唐末，盛行于宋、辽、金代，到元代基本绝迹，仅存在300余年。塔身的下半部和亭阁塔类似，上半部分是个圆锥形，且高度很大，约占塔身高度的1/3至1/2。花塔的主要特征是在塔身的上半部装饰各种繁复的花式，远观犹如一通大花束。其装饰由简到繁，既有巨大的莲瓣、密布的佛龛，也有各种佛像、神人以及狮、象、龙、鱼等动物形象和其他装饰。有些花塔还涂上各种色彩，富丽堂皇。据现存资料，国内现存花塔（包括遗址）仅15座左右，著名的有河北正定广惠寺花塔（见图1-105）、湖北襄阳广德寺多宝佛塔、北京房山万佛堂花塔（见图1-106）及河北曲阳修德塔等。

过街式塔是建于街衢之上的塔形，把塔的下部修成门洞的形式。前者塔下可

图1－99　北京妙应寺白塔 / 元代

图1－100　西藏江孜白居寺菩提塔 / 明代

图1－101　北京北海白塔 / 清代

图1－102　北京大正觉寺金刚宝座塔 / 明代

图1－103　北京西黄寺清净化域塔 / 清代

图1－104　内蒙古呼和浩特慈灯寺塔 / 清代

通车马行人，后者仅供人通行，均始于元。全国著名的有北京居庸关过街式塔、西郊法海寺门式塔、颐和园后山香岩宗印之阁四周的门式塔及江苏镇江昭关过街塔（见图1–107）等。

图1–105　河北正定广惠寺花塔／唐代

图1–106　北京房山万佛堂花塔／辽代

根据造型，有些塔很难归类到以上某类中，而是不同部分有不同类型塔的特征，还有的在一座塔中同时包含了汉式佛塔（楼阁、密檐、亭阁）和藏式佛塔（覆钵、相轮）的风格和特点，这种类型的塔属于复合式佛塔。比如，天津蓟县渔阳郡塔（独乐寺白塔），下部为八角三层楼阁式塔，上部则是标准的半球形覆钵塔，还有十三天相轮，造型十分独特（见图1–108）。而北京房山云居寺北塔，是目前发现的最大的组合式塔之一，下为平面八角两层楼阁式塔身，建于辽时，上置巨大覆钵及相轮，建于明代（见图1–109）。

我国佛塔以一塔为主，也有双塔、三塔、五塔、九塔以至群塔的塔林组合形式，著名的塔林有山西五台山塔林（见图1–110）、河南登封少林寺塔林（见图1–111）、山东长清灵岩寺塔林、山东历城白虎山塔林及河南临汝风穴寺

图1–107　江苏镇江昭关过街塔／元代

图1–108　天津蓟县独乐寺白塔／辽代–明代

图1–109　北京房山云居寺北塔／辽代–明代

塔林、北京门头沟潭柘寺外塔群等。

（三）石窟寺建筑

石窟寺是最古老的佛教建筑，一般是开凿岩窟成一长方形，在入口的地方有门窗。石窟中间是僧侣集会的地方，两边是住房。后来发展成为两种形式：一种叫作“礼拜窟”，另一种叫作“禅窟”。礼拜窟多为就着山势开凿的寺庙建筑，有作前后两室的，也有单独一室的，其入口处有门，上面开窗采光，其平面有马蹄形的、有方形的，在里面石壁或石柱上雕造有佛像或绘制佛教故事壁画，供人瞻仰礼拜；禅窟多依山岩凿成的石室，主要是供比丘修禅居住的。

中国的石窟起初是仿印度石窟的制度开凿的，多建在中国北方的黄河流域。中国最早凿建石窟寺的是今新疆地区，有可能始于东汉，十六国和南北朝时经由甘肃到达中原，从北魏至隋唐，是凿窟的鼎盛时期，尤其是在唐朝时期修筑了许多大石窟，唐代以后逐渐减少。甘肃敦煌莫高窟、甘肃天水麦积山石窟、山西大同云冈石窟（见图1-112）和河南洛阳龙门石窟（见图1-113）就是这段时期开凿的中国四大石窟。

图1－110　五台山塔林 ／ 唐代－清代

图1－111　河南登封少林寺塔林 ／ 唐代－清代

图1－112　穹隆式窟／山西大同云冈石窟 ／ 北魏

图1－113　穹隆式窟／河南洛阳龙门石窟 ／ 唐代

图1－114　中心柱式窟／山西大同云冈石窟／北魏

图1－115　殿堂式石窟／甘肃敦煌莫高窟／唐代

按照石窟的结构特征，可以分为穹隆式、中心柱式和殿堂式三种类型。穹隆式窟，主像特大，洞顶及壁面没有建筑处理，而窟外有木构的殿廊，如云冈昙曜五窟、龙门奉先寺等。中心塔柱式窟（见图1－114），平面呈方形，窟顶呈覆斗行或方形，在窟洞的中央偏后立一方形石柱，其壁面布满精湛的雕像或壁画。殿堂式石窟（见图1－115），内部呈三开间房屋式样，方形平顶。外部前室仿木造轩廊结构，窟内使用复斗天花、藻井等，模仿中国的殿宇结构。

二、道教建筑

中国的道家思想起源中国早期的巫术，后引用了老子的《道德经》为经典，东汉时期形成正式的宗教。道教建筑没有形成独立的风格体系，而遵循的是我国传统的宫殿、祠庙体制，一般为中轴线布局，以殿堂楼阁为主，不建塔和经幢。其建筑的门类很多，有宫、观、殿、堂、府、庙、楼、馆、舍、轩、斋、廊、阁、阙、门、坛、台、亭、塔、榭、坊及桥等。这些建筑按其性质和用途，可分为供奉祭祀的殿堂、斋醮祈禳的坛台、修炼诵经的静室、生活居住的房舍和供人游览憩息的园林建筑五大部分。道教的宫观庵庙等建筑是供奉、祭祀神灵的殿堂，又是道教徒长期修炼、生活和进行斋醮祈禳等仪式的场所。它是社会经济和文化的综合反映，又是宗教哲学思想和信仰的体现。

图1－116　北京白云观牌楼 / 元代

图1－117　北京白云观三清四御殿 / 元代

道教宫观建筑的平面组合布局有均衡对称式建筑和五行八卦式建筑两种形式。

均衡对称式建筑是按中轴线前后递进、左右均衡对称展开的传统建筑手法，以道教正一派祖庭上清宫和全真派祖庭白云观为代表（见图1－116）。山门以内，正面设主殿，两旁设灵官、文昌殿，沿中轴线上，设规模大小不等的玉皇殿或三清四御殿（见图1－117）。一般在西北角设会仙福地。有的宫观还充分利用地形地势的特点，造成前低后高、突出主殿威严的效果。膳堂和房舍等一类附属建筑则安排在轴线的两侧或后部。

图1－118　江西三清山道教建筑布局示意图

图1－119　江西三清山的三清宫 / 明代

五行八卦式建筑是按五行八卦方位确定主要建筑位置，然后再围绕八卦方位放射展开，具有神秘色彩，以江西省三清山丹鼎派建筑为代表（见图1－118、图1－119）。三清山的道教建筑雷神庙、天一水池、龙虎殿、涵星池、王祐墓、詹碧云墓、演教殿、飞仙台八大建筑都围绕着中间丹井和丹炉，周边按八卦方位一一对应排列。而它的南北中轴线特别长，所有其他建筑都在这条中轴线的两端一一展开，构成一个严密的建筑体系。这是由道教内丹学派将人体小宇宙对应于自然大宇宙，同步协调修炼“精气神”思想在建筑上的反映。

在风景名胜点建筑的道观，除了奉祀系统的建筑为服从宗教需要显得比较刻板外，大多利用奇异的地形地貌，巧妙地构建楼、阁、亭、榭、塔、坊、游廊等建筑，造成以自然景观为主的园林系统，配置壁画、雕塑和碑文、诗词题刻等，供人观赏。

道教建筑的装饰鲜明地反映了道教追求吉祥如意、延年益寿和羽化登仙的思想。如描绘日月星云、山水岩石以寓意光明普照、坚固永生；以扇、鱼、水仙、蝙蝠和鹿作为善、（富）裕、仙、福、禄的表象；用松柏、灵芝、龟、鹤、竹、狮、麒麟和龙凤等分别象征友情、长生、君子、辟邪和祥瑞。另外还直接以福、禄、寿、喜、吉、天、丰及乐等字变化其形体，用在窗棂门扇裙板及檐头蜀柱、斜撑、雀替、梁枋等建筑构件上，其对民间民俗传统文化的影响十分深远。又如八宝图、福寿双全图，这些源自道教思想和神仙故事的图案都远远越出了道教的范围，深入到千家万户的各类建筑构件和日常器具中。至于八仙和八仙庆寿的道教故事和图案更是家喻户晓。

道教建筑在中国古建筑的园林内占有很突出的位置，是我国传统文化中的重要组成部分，对于我们深入研究中国古代的宗教哲学思想，解剖民族传统文化的深层次结构，建设有民族特色的新文化，都有重要的历史和艺术价值。

三、伊斯兰教建筑

伊斯兰教是世界三大宗教之一，创建于7世纪初，唐代由西亚传入中国。伊斯兰教因为教义和仪典的要求，建筑与佛、道两教不同。一般所建寺院称为“清真寺”或“礼拜寺”，在寺中建有召唤信徒用的“邦克楼”或“光塔”，还有供膜拜者净身的浴室。大殿内没有造像，仅设朝向圣地麦加供参拜的神龛。建筑装饰纹样只有《古兰经》经文和植物、几何形图案。

早期的礼拜寺受外来影响很大，如广州的怀圣寺、元代重建的泉州清净寺、青海西宁东关清真寺（见图1-120）等。这些建筑上有如下外来特征：高耸的光塔、葱头形的尖拱门和半球形的穹隆结构。建筑较晚的清真寺，除了装饰题材外，所有建筑的结构和外观都采用中国的建筑形式。如西安化觉巷的清真寺（见图1-121、图1-122）、北京牛街清真寺。

图1－120 青海西宁东关清真寺 / 明代

图1－121 西安化觉巷清真寺大殿 / 明代

图1－122 西安化觉巷清真寺一真亭 / 明代

第六节 雕栏玉砌——园林建筑

在中国，园林又称园、囿、苑、庭园、园池、山池、山庄、别业等，指的是在一定的地域运用工程技术和艺术手段，通过改造地形（或进一步筑山、叠石、理水）、种植树木花草、营造建筑和布置园路等途径创作而成的美的自然环境和游憩境域。

一、园林的起源与发展

据有关典籍记载，我国造园应始于商周，其时称之为“囿”。最初的

"囿"，就是把自然景色优美的地方圈起来，放养禽兽，供帝王狩猎，所以也叫游囿。汉起称苑。汉朝在秦朝的基础上把早期的游囿发展到以园林为主的帝王苑囿行宫，除布置园景供皇帝游憩之外，还举行朝贺，处理朝政。魏晋南北朝时期是我国寺庙园林的产生与繁荣期，也是文人园林的滥觞期。真正大批文人、画家参与造园，还是在隋唐之后。造园家与文人、画家相结合，运用诗画传统表现手法，把诗画作品所描绘的意境情趣引用到园景创作上，甚至直接用绘画作品为底稿，寓画意于景，寄山水为情，逐渐把我国造园艺术从自然山水园阶段，推进到写意山水园阶段。宋元造园也都有一个兴盛时期，特别是在用石方面，有较大发展。这期间，大批文人、画家参与造园，进一步加强了写意山水园林的创作意境。明、清是中国园林创作的高峰期，在这一时期形成宏伟壮观、富丽堂皇的北方皇家园林和玲珑精致、淡雅幽静的江南私家园林两种不同风格。明末还产生了园林艺术创作的理论书籍《园冶》。

中国园林至今已有3000多年的历史，逐渐形成了独特的民族形式而自成体系。它的主要特点是崇尚自然而又妙造自然，把人工美与自然美巧妙地结合起来，创造了独树一帜的自然山水式园林。由于文人参与园林的建设，中国古代的园林充满了文人气息和诗情画意。"天人合一"、"诗情画意"是中国园林的精髓，也是造园艺术所追求的最高境界。为达到这一目的，造园艺术家常利用各种手法来造景，如借景（见图1－123、图1－124）、对景、抑景、添景（见图1－125）、夹景、框景、漏景、透景以及将古人诗文与造景相结合。

图1－123　拙政园借景北寺塔

图1－124　冰花窗借景芭蕉叶

图1－125　漏窗框景

二、园林建筑的类型

园林建筑是建造在园林和城市绿化地段内供人们游憩或观赏用的建筑物，比起山、水、植物来，较少受到自然条件的制约，人工成分最多，是造园4个手段中最为灵活、积极的一个手段。园林建筑除了满足游人遮阴避雨、驻足休息、起居等多方面的实用要求，还起着园林景象构图中心的作用。园林建筑多采用木结构，建筑空间通透畅达，注意户外活动空间的作用，注意室内外空间的联系、建筑与自然环境紧密结合，建筑形象穿插、飞挑、轻快、灵活。

园林中的建筑是多姿多彩的，根据其功能用途的不同，可以分为以下几类：

（一）亭、台、楼、阁、榭、舫

亭、台、楼、阁、榭、舫类建筑在园林中主要是供人游览、赏景之用。亭是园林中最常见、最重要的建筑，主要是为了满足人们在游赏活动过程中休息、避雨、观望的需要，也有引导游览、点明主题的妙用（见图1－126至图1－129）。亭子的结构与构造大多比较简单，施工制作上也比较方便。在造型上独立而完整，一般小而集中、向上。装饰上，北方宫廷中的亭子一般采用色彩艳丽、锃光闪亮的琉璃瓦；南方园亭的屋面一般铺小青瓦。亭子的顶以攒尖顶为多，也有用歇山顶、硬山顶、盝顶、卷棚顶的，以及后来用钢筋混凝土作平顶式亭。

图1－126　长沙岳麓山爱晚亭

图1－127　颐和园双环亭

图1－128　苏州网师园的亭

图1－129　苏州园林沧浪亭

图1－130　江南园林——水上戏台

图1－131　拙政园的台

台是中国古代园林建筑中具有独特风格的建筑，主要是供游人远望或游观，其结构特征为高而平（见图1-130、图1-131）。实际上在园林中，台并非孤立的平台，往往与厅堂等建筑组合在一起，构成独特的景观。

楼是指屋上直接建屋，其中两层之间没有腰檐的又称为竖楼；阁指上下层之间除腰檐外还有平座的楼。后来人们将带有平座的阁与一般的楼都通称为楼阁，楼与阁的界限已不严格。

榭是供游人休息、观赏风景的临水园林建筑（见图1-132、图1-133）。《园冶》上说："榭者，借也。借景而成者也。或水边，或花畔，制亦随态。"其平面常为长方形，建于水边或架临水上，结构轻巧突露出岸，立面开敞或设窗扇，跨水部分由立于水中的石构梁柱支撑。

舫是人们仿造船的造型在园林的湖泊中建造起来的一种船形建筑物，

图1－132　上海豫园鱼乐榭

图1－133　颐和园饮绿水榭

图1－134　颐和园石舫"清宴舫"

图1－135　拙政园的"香洲"

供人们在内游玩饮宴、观赏水景，身临其中有乘船荡漾于水上的感受（见图1-134、图1-135）。舫的基本形式同真船相似，一般分为船头、中舱、尾舱三部分。首尾舱顶则为歇山式样，轻盈舒展。

（二）厅、堂、馆、轩、斋、室

厅、堂、馆、轩、斋、室类建筑在园林中主要是供人生活起居之用。这些建筑多数建在园林中的生活区，构成一个个庭院，起着组织空间、突出主题的作用。在造型风格上，强调端庄典雅、精美华贵，是园林中人工雕作色彩最浓的部分。

厅堂是园林中的主体建筑，体型也较高大，常成为园林的构图中心（见图1-136至图1-138）。在江南的园林中，厅堂是园主人进行会客、治事、礼仪等活动的场所，它们的位置一般居于园林中最重要的地位。

馆、轩也属于厅堂类建筑，但尺度较小，布置于次要地位。斋、室等一般是附属于厅堂的辅助性用房。馆，从食从官，原为官人的游宴处或客舍。江南园林中的“馆”，并不是客舍性质的建筑，一般是一种休憩会客的场所；建筑尺度不大。如拙政园的玲珑馆。在北方的皇家园林中，“馆”常作为一组建筑群的称呼。

轩用于建筑一般指厅堂前廊卷棚顶的部分。在园林中，轩一般指地处高旷、环境幽静的建筑物（见图1-139至

图1－136　上海豫园的仰山堂

图1－137　江苏扬州何园蝴蝶厅

图1－138　江苏泰州乔园主厅山响草堂

图1–141）。

“斋”是斋戒的意思，在宗教上指和尚、道士、居士的斋室。园林中的斋，一般处于静谧、较封闭的小庭院中，是一种书屋性质的建筑物。如苏州网师园的集虚斋、书斋等。在北方的皇家园林中以“斋”命名的园林建筑，一般已是一个小园林建筑群，其内容与形式比较多样（见图1–142）。

“室”与“房”多为辅助性用房，配置于厅堂的边沿。如扬州瘦西湖的琴室，镇江焦山郑板桥的读书处。

（三）廊、桥

廊和桥是园林中用以联结景点、供人交通之用的建筑。廊在园林中是联系建筑物的脉络，同时又是园林风景的导游线，而且还用以划分空间，增加风景的广度和深度（见图1–143、图1–144）。

桥是园林中沟通园路、驻足赏景和组织景观的重要手段，起着点缀风景、增加园林情趣与意境美的重要作用。园林中桥的缀景功能大于交通功能，因而在设计上多夸张、浪漫，富于情调（见图1–145、图1–146）。

图1–139　扬州个园宜雨轩

图1–140　拙政园与谁同坐轩

图1–141　颐和园听鹂馆

图1–142　颐和园永寿斋

图1－143　颐和园长廊

图1－144　拙政园“小飞虹”廊桥

图1－145　五亭桥

图1－146　颐和园十七孔桥

（四）园路、园墙、门、窗

路、墙、门、窗都属于园林中的小品（见图1－147至图1－150）。园林中的路多迂回曲折，追求自然意趣，讲究路面的装饰效果。园林中的墙除了围护和分

图1－147　扬州个园门

图1－148　何园（寄啸山庄）的墙与路

隔空间外，还可以起到衬托景物、点缀景观的作用，同时它自身也极具观赏价值。园林中的墙上的门、窗常作为框景的画框，形成十分诱人的风景画面。特别是漏窗，又名花窗，是窗洞内有漏空图案的窗，既可以借景创意，本身也构成独特的风景。

图1－149 上海豫园的墙

图1－150 苏州园林花窗

三、园林建筑的特点

中国园林建筑数量特别多，且多据主景或控制地位，常居于全园的艺术构园中心，往往成为该园的标志。中国的园林建筑和其他各类建筑是区别对待的，园林建筑所遵循的基本原则是：本于自然，高于自然，力图把人工美与自然美相结合。然而这些原则、特征却很少体现在其他类型的建筑中。与其他类型建筑相比，园林建筑的特点主要有三个方面：

（一）所抒发的情趣不同

其他类型的建筑如宫殿、寺院、陵墓、民居等，基于不同的要求或宏伟博大，或庄严肃穆，或亲切宁静，但一般都不追求如诗似画一般的意境。园林建筑则不然，它从一开始便与诗画结下不解之缘，并在诗人、画家的苦心经营下达到了极高的艺术境界。所谓寓情于景、情景交融，触景生情，诗情画意等对园林意境的描绘，都说明园林建筑确实不同于一般建筑，如同凝聚了的诗和画，具有极其强烈的艺术感染力。

（二）构图的原则不同

其他类型的建筑，一般多以轴线为引导而取左右对称的布局形式，从而形成一进又一进的空间院落。这样的构图形式虽然具有明确的统一性，但毕竟流于程式化，其结果必然是大同小异，缺乏应有的生气和活力。园林建筑则不然，它所强调的是有法式而无定式，即不为任何清规戒律所羁绊，而最忌坠入窠臼与故辙。在这种思想的指导下，一般建筑构图所特有的那种明晰性和条理性在园林建筑中却很少体现。而回环曲折、参差落差，忽而洞开、忽而幽闭的手法则常赋予园林建筑以无限的变化。为此，似有而无、似无而有、真真假假、虚虚实实等难以名状的处理手法总是在所难免的。

（三）对待自然环境的态度不同

除了部分寺院建筑或民居建筑，由于地处山林，不顾形制的约束而采取自由布局外，一般的宫殿建筑、寺院建筑，乃至民居建筑，由于受程式化的影响，多采用内向的布局形式。这种布局虽可形成许多空间院落，但由于建筑物均背向外而面朝内，加之又以高墙相围，因而对外围的环境基本上采取不予理会的态度。这样的内院有时虽然也种有花草树木，但仅起调剂与点缀作用，不能改变以建筑围成的人工空间的本来面貌。园林建筑则不然，力求自然美，对于环境的选择极为重视，《园冶》一书以极大的篇幅论述“相地”便是很好的佐证。

四、名园赏析

（一）颐和园

颐和园位于山水清幽、景色秀丽的北京西北郊，原名清漪园，始建于1750年。

颐和园集传统造园艺术之大成，借景周围的山水环境，饱含中国皇家园林的恢宏富丽气势，又充满自然之趣，高度体现了“虽由人作，宛自天开”的造园准则。万寿山、昆明湖构成其基本框架，占地300.59公顷，水面约占3/4，园中有点景建筑物百余座、大小院落20余处，3 000余间古建筑，面积70 000多平方米，古树名木1 600余株。其中佛香阁、长廊、石舫、苏州街、十七孔桥、谐趣园、大戏台等都已成为家喻户晓的代表性建筑。

园中主要景点大致分为三个区域：以庄重威严的仁寿殿为代表的政治活动区，是清朝末期慈禧与光绪从事内政、外交政治活动的主要场所。以乐寿堂、玉澜堂、宜芸馆等庭院为代表的生活区，是慈禧、光绪及后妃居住的地方。以长廊沿线、后山、西区组成的广大区域，是供帝后们澄怀散志、休闲娱乐的苑园游览区。万寿山南麓的中轴线上，金碧辉煌的佛香阁、排云殿建筑群起自湖岸边的云辉玉宇牌楼，经排云门、二宫门、排云殿、德辉殿、佛香阁（见图1－151），终至山巅的智慧海，重廊复殿，层叠上升，气势磅礴。巍峨高耸的佛香阁八面三层，踞山面湖，统领全园。蜿蜒曲折的西堤犹如一条翠绿的飘带，穿引南北。堤上六桥，婀娜多姿，形态各异。烟波浩渺的昆明湖中，宏大的十七孔桥如长虹偃月倒映水面，涵虚堂、藻鉴堂、治镜阁三座岛屿鼎足而立，寓意着神话传说中的“海上仙山”。与前湖一水相通的苏州街（见图1－152、图1－153），酒幌临风，店肆熙攘，仿佛置身于两百多年前的皇家买卖街，谐趣园则曲水复廊，足谐其趣。在昆明湖湖畔岸边，还有著名的石舫，惟妙惟肖的铜牛，赏春观景的知春亭等点景建筑。

图1－151　颐和园万寿山与佛香阁

（二）拙政园

拙政园位于苏州市东北隅，始建于明正德四年间（1506～1521），为明

图1－152　颐和园苏州街的店铺

图1－153　颐和园苏州街的牌坊

代弘治进士、御史王献臣弃官回乡后，在唐代陆龟蒙宅地和元代大弘寺旧址处拓建而成。取晋代文学家潘岳《闲居赋》中“筑室种树，逍遥自得……灌园鬻蔬，以供朝夕之膳……此亦拙者之为政也”句意，将此园命名为拙政园。王献臣在建园之期，曾请吴门画派的代表人物文徵明为其设计蓝图，形成以水为主，疏朗平淡，近乎自然风景的园林。王献臣死后，其子一夜豪赌，将园输给徐氏，其子孙后亦衰落。明崇祯四年（1631）园东部归侍郎王心一，名“归田园居”。园中部和西部，主人更换频繁，乾隆初，中部复园归太守蒋棨所有。咸丰十年（1860）太平军进驻苏州，拙政园为忠王府，相传忠王李秀成以中部见山楼为其治事之所。光绪三年（1877）西部归富商张履谦，名“补园”。现存园貌多为清末时所形成。

拙政园占地62亩，是目前苏州最大的古园林，也是我国四大名园之一。拙政园布局主题以水为中心，池水面积约占总面积的1/5，各种亭台轩榭多临水而筑（见图1-154、图1-155）。全园分东、中、西三个部分，中园是其主体和精华所在。远香堂是中园的主体建筑，其他一切景点均围绕远香堂而建。堂南筑有黄石假山，山上配植林木。堂北临水，水池中以土石垒成东西两山，两山之间，连以溪桥。西山上有雪香云蔚亭，东山上有待霜亭，形成对景。由雪香云蔚亭下山，可到园西南部的荷风四面亭，由此亭经柳荫路曲西去，可以北登见山楼，往南可至倚玉轩，向西则入别有洞天。远香堂东有绿漪堂、梧竹幽居、绣绮亭、枇杷园、海棠春坞、玲珑馆等处。堂西则有小飞虹、小沧浪等处。小沧浪北是旱船香洲，香洲西南乃玉兰堂。进入别有洞天门即可到达西园。西园的主体建筑是十八曼陀罗花馆和卅六鸳鸯馆。两馆共一厅，内部一分为二，北

图1－154　拙政园的亭

图1－155　拙政园的水榭

厅原是园主宴会、听戏、顾曲之处，在笙箫管弦之中观鸳鸯戏水，因此以“鸳鸯馆”名之。南厅植有观宝朱山茶花，即曼陀罗花，故称为“曼陀罗花馆”。馆之东有六角形宜雨亭，南有八角形塔影亭。塔影亭往北可到留听阁。西园北半部还有浮翠阁、笠亭、与谁同坐轩、倒影楼等景点。拙政园东部原为归去来堂，后废弃。

拙政园的特点是园林的分割和布局非常巧妙，把有限的空间进行分割，充分采用了借景和对景等造园艺术，因此拙政园的美在不言之中。近年来，拙政园充分挖掘传统文化内涵，推出自己的特色花卉。每年春夏两季举办杜鹃花节和荷花节，花姿烂漫，清香远溢，使素雅幽静的古典园林充满了勃勃生机。拙政园西部的盆景园和中部的雅石斋分别展示了苏派盆景与中华奇石，雅俗共赏，陶冶情操。

第二章
西方古代建筑

第一节　高贵单纯——古希腊建筑

一、爱琴文化的建筑

在创造希腊古典文明的主要民族多利安人和伊奥尼亚人到达希腊本土之前，地中海东北部的爱琴海地区就曾经存在过从氏族社会到奴隶社会初期的国家。在艺术史上这一文化被称为爱琴文化或克里特—迈锡尼文化。

古希腊著名的《荷马史诗》曾描述过希腊与特洛伊之战，这一传说在19世纪末、20世纪初先后吸引了德国考古学家施里曼和英国学者伊文思来这一带进行考古发掘，他们发现了迈锡尼文化遗址、米诺斯王宫遗址以及大量的文物。这些发现说明：克里特文化是爱琴文化的源头，迈锡尼文化是克里特文化的继承。

米诺斯王宫（Minos Palace，公元前3000 ~ 前2000年）位于米诺斯一座名叫凯夫拉山的缓坡上，周围古木参天（见图2-1至图2-3）。它是一座规模巨大的多层平顶式建筑，占地22 000平方米。宫殿内部结构复杂、层次多变，被人们称为迷宫。其有大小宫室1500多间。1400多平方米的长方形中央庭院把东

图2－1 米诺斯王宫复原图

图2－2 米诺斯王宫遗址局部

图2－3 米诺斯王宫出土壁画

宫和西宫联结成一个整体。庭院四周建有国王宝殿、王后寝宫，还有庙宇（双斧宫）、珍宝库、住所等。位于高坡地区的西宫的大部分宫室为3层建筑，而在低坡地区的东宫多为4层建筑。宫室内用来支撑屋面的立柱都用整棵百年大树锯刨而成。为了矫正人们视觉上的差异，所有立柱都锯刨成倒立的圆锥柱体，上粗下细。但远远望去，这些立柱上下一般粗细，显得十分雄浑协调。各建筑之间有长廊、门厅、复道、阶梯等相接，真是千门百户，曲折通幽。在逶迤漫长的屋檐上，装饰着一对对用陶土烧制的有着宗教含义的“U”字形黄色牛角。建筑物的采光、供水、排水、通风都有完备的设施。

图2－4 迈锡尼城狮子门 / 约公元前1250年

迈锡尼文化繁荣于公元前1500～前1200年，迈锡尼人建造的城市已显示出军事防御的目的。迈锡尼卫城的狮子之门在一块三角形的大石板上刻着一根柱子，两旁有一对狮子相对而立，造型粗壮有力，是西方最早的纪念碑装饰雕刻（见图2-4）。爱琴文化在某种程度上是古希腊文化的源泉。

二、古代希腊的建筑

（一）古希腊概述

古希腊是欧洲文化的发源地，古代希腊人在科学、哲学、文学、艺术上都有辉煌的成就，对欧洲文化的发展产生了深远的影响，正如恩格斯所说：没有希腊、罗马奠定的基础，就不可能有现代的欧洲。

希腊艺术的形成、发展与其社会历史、民族特点、自然条件有着密切的关系（见图2-5、图2-6）。城邦国家的奴隶主民主政体为文化艺术的发展提供了有利的条件，城邦国家要求公民具有健壮的体格和完美的心灵，希腊艺术中的理想形象就是既有典雅宁静的气质，又有运动员一样的体魄，这种审美标准使希腊艺术产生了古代世界理想的典范。贸易和航海业的发展造成了希腊人的坚强、机智灵活以及勇于追求理想的积极性格，也使希腊人得到接触两河、埃及等地区文化的机会，因而孕育了一大批最优秀的艺术家。希腊神话是希腊艺术的土壤，希腊神话包含着人们对自然奥秘的理性思索，它孕育着历史和哲学观念的萌芽。希腊神话中“神人同形同性”的特点使神祇具有人的面貌和感情，成为促使艺术与生活息息相通的有利因素。温和的希腊气候使希腊人有广阔的露天活动和运动场所。在四年一度的奥林匹克运动会上，运动员裸体竞技为艺

图2－5　希腊自然环境①

图2－6　希腊自然环境②

术家提供了塑造健美人体的条件，使他们对于人体美有较早的领悟和表现。希腊艺术家正是在这种环境下创造出古代世界最杰出的艺术，给人类文化宝库留下了最珍贵的遗产。

（二）古希腊建筑类型和特点

现存的建筑物遗址主要就是神殿、剧场、竞技场等公共建筑，其中神殿是一个城邦的重要活动中心，它也最能代表那一时期建筑的风貌。古希腊人的生活受控于宗教，所以理所当然的，古希腊的建筑最大的、最漂亮的都非希腊神殿莫属。古希腊人认为，神也是人，只是神比普通人更加完美。他们认为供给神居住的地方也不过是比普通人更加高级的住宅。所以，希腊最早的神殿建筑只是贵族居住的长方形有门廊的建筑。后来加入柱式，由早期的“端柱门廊式”逐步发展到“前廊式”，即神殿前面门廊是由四根圆柱组成，以后又发展到“前后廊式”，到公元前6世纪前后廊式又演变为希腊神殿建筑的标准形式——“围柱式”，即长方形神殿四周均用柱廊环绕起来。希腊神殿建筑总的风格是庄重典雅，具有和谐、壮丽、崇高的美。这些风格特点在各个方面都有鲜明的表现。

根据所遗留下来的希腊建筑，我们可以归纳出古希腊建筑的几大特点：

第一个特点是平面构成为1∶1.618或1∶2的矩形，中央是厅堂、大殿，周围是柱子，可统称为环柱式建筑。这样的造型结构，使得古希腊建筑更具艺术感。因为在阳光的照耀下，各建筑产生出丰富的光影效果和虚实变化。与其他封闭的建筑相比，阳光的照耀消除了封闭墙面的沉闷之感，加强了希腊建筑的雕刻艺术的特色。

第二个特点是柱式的定型。其共有3种柱式：多立克柱式；爱奥尼亚式柱式；科林斯式柱式。这3种柱式是在人们的摸索中慢慢形成的，后面的柱式总与前面柱式之间有一定的联系，有一定的进步意义。而贯穿3种柱式的则是永远不变的人体美与数的和谐。柱式的发展对古希腊建筑的结构起了决定性的作用，并且对后来的古罗马、欧洲的建筑风格产生了重大的影响。

第三个特点是建筑的双面坡屋顶形成了建筑前后的山花墙装饰的特定的手法。古希腊建筑中有圆雕、高浮雕、浅浮雕等装饰手法，创造了独特的装饰艺术。

第四个特点是由平民进步的艺术趣味而产生的崇尚人体美与数的和谐。古希腊人崇尚人体美，无论是雕刻作品还是建筑，他们都认为人体的比例是最完美的。大建筑师维特鲁威曾转述古希腊人的理论："建筑物……必须按照人体各部分的式样制定严格比例。"所以，古希腊建筑的比例与规范，其柱式外在形体的风格，都以人为尺度，以人体美为其风格的根本依据，它们的造型可以说是人的风度、形态、容颜、举止美的艺术显现，而它们的比例与规范，则可以说是人体比例、结构规律的形象体现。所以，这些柱式都具有一种生机盎然的崇高美，因为它们表现了人作为万物之灵的自豪与高贵。

第五个特点是建筑与装饰均雕刻化。希腊的建筑与希腊雕刻是紧紧结合在一起的。可以说，希腊建筑就是用石材雕刻出来的艺术品。从爱奥尼亚柱式柱头上的旋涡，科林斯柱式柱头上的由忍冬草叶片组成的花篮，到女郎雕像柱式上神态自如的少女，各神庙山墙檐口上的浮雕，都是精美的雕刻艺术。由此可见，雕刻是古希腊建筑的一个重要的组成部分，是雕刻创造了完美的古希腊建筑艺术，也正是因为雕刻，使希腊建筑显得更加神秘、高贵、完美、和谐。

（三）建筑实例分析：雅典卫城建筑群

雅典卫城（Athen Acropolis）是古希腊最为著名的建筑（见图2-7）。

在公元前1400～前1200年间的迈锡尼文明时期，希腊本土有许多聚落据险峻的山冈而建，还造了厚厚的城墙，雅典是其中之一。大约在迈锡尼文明时期结束之后，住在卫城上的首领和贵族府邸搬走了，造了一座祭祀保护雅典娜的庙，雅典因此得名。庙的周围还有一些祭拜其他神的建筑。雅典卫城后来经过多次改建。在公元前566年，创立了泛雅典娜节，4年举行一次，成为全希腊盛大的公共庆典。

图2－7　雅典卫城建筑群

公元前546年，波斯占领并毁灭了小亚细亚许多城邦，然后渡海西征。希腊各城邦团结起来抵抗波斯的侵略，在公元前479年战胜波斯，解放了小亚细亚和爱琴海诸岛的希腊城邦。雅典利用战争中赢得的领袖地位，在伯里克利领导下，成为希腊政治、经济和文化的中心。以雅典为代表，希腊迎来了它的黄金时期，即古典时期。雅典卫城建筑群就是雅典这个黄金般的古典时期的纪念碑，是雅典全面繁荣昌盛的见证。

在驱逐了波斯侵略者之后，雅典人于公元前447年着手恢复雅典娜神庙。后来在伯里克利当政时期，任命大雕刻家菲迪亚斯（Phidias）主持重新建设卫城，建筑师是伊克提诺（Iktino）和卡里克拉特（Callicrat）。雅典卫城建筑群的主题有三：一是为了庆祝反抗波斯侵略战争的胜利；二是为了歌颂和装饰雅典，把其建设为全希腊政治经济文化的中心；三是吸引全希腊的人来朝圣和参加狂欢节，从而繁荣经济。

卫城在雅典的中心，它建在一座石灰岩的小山上。小山是孤立的，最高点海拔156.2米，比四周平地高出70～80米。它四周陡峭，顶部经过一些人工修筑，形成一个东西长280米、南北宽130米的台地，岩石裸露、寸草不生。只有西端有不宽的一个斜坡可以上山（见图2-8）。

图2－8　雅典卫城俯瞰图

雅典卫城建筑群的布局没有轴线，不求对称，建筑物的位置和朝向由朝圣路线上的最佳景观来设计（见图2-9）。保护雅典娜的帕提农神庙（Parthenon）是多立克式的，位于卫城正中偏南，它的正北是爱奥尼亚式的

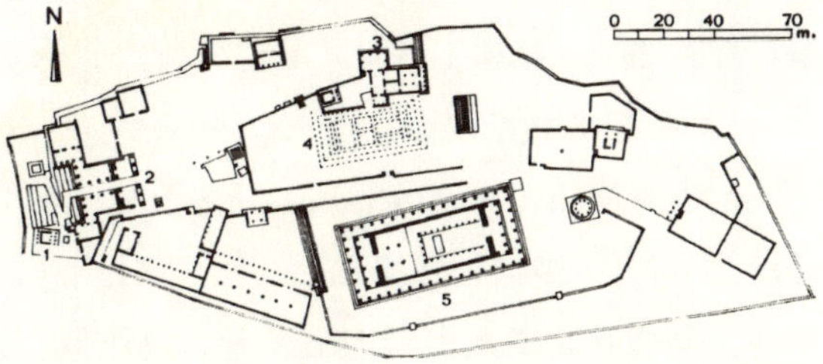

1．胜利神庙；2．雅典卫城山门；3．伊瑞克提翁神庙；4．雅典娜神庙；5．帕提农神庙

图2－9　雅典卫城总平面图

尹瑞克提翁神庙（Erechtheion），几乎紧靠北缘。多立克式的山门造在卫城西端唯一的入口处。挨着山门南翼有一个向西凸出的陡崖，爱奥尼亚式的胜利神庙（Temple of Athena Nike）就造在上面。几座主要的建筑物都贴近边缘，为的是照顾山下的观赏，因为卫城坐落在城市的中央。

1．山门

雅典卫城山门建于公元前437至前432年之间，位于卫城最西端，建筑师是穆乃西克拉（Mnesicla）。它的东半部分在山上，西半部分在登山的陡坡上，比东半部分低1.43米。东西两半之间砌了一道隔墙，开了5个门洞，中央大门洞不设台阶而铺坡道，供马匹和车辆出入。其余4个门洞前设三步高阶座，加上一些踏步。

雅典卫城山门的柱式是多立克式的，东西两面都是6根柱子的柱廊，西面柱子的高度大约是8.81米，东面的略低一些。作为卫城的大门，它们的中央开间净空宽达3.85米，而且整个建筑没有雕饰，符合山门的身份（见图2-10）。但是在山门内部，中央通路的两侧，有三对爱奥尼亚式柱子。这三对柱子采用爱奥尼亚式，既是两种文化交融的表现，也是为了按规范可以比多立克式的柱子细一些，以免内部显得拥挤。

2．胜利神庙

胜利神庙（Temple of Athena Nike）靠近雅典卫城山门，在山门南侧向西突出的悬崖上，气势很盛，有利于表现主题，并且增加了卫城西端的层次，丰富了山门建筑群的构图（见图2-11）。胜利神庙很小，是长8.014米、宽5.40米的爱奥尼亚式的长方形，东西两面各有4根柱子。柱子比较粗壮，向多立克式靠拢。略粗壮一些的样式很适合于它的主题和它所在的位置。

在它的檐壁上，西南北三面的浮雕是希腊人与波斯人战斗的场景，东西则是观战的诸神。悬崖上的女儿墙也刻着类似的题材。

3．帕提农神庙

帕提农神庙（Parthenon）始建于公元前447年，于公元前438年竣工，公元前431年完成雕刻（见图2-12）。它是卫城上的主题建筑，是城邦保护神的庙宇，是战胜波斯人侵者的纪念碑，是雅典作为全希腊政治、经济、文化的标志。同时，它又是提洛同盟的财库、城邦的档案馆。

帕提农神庙是一个长方形的庙宇，形体单纯。中央由墙垣围成的核心分隔

图2－10 雅典卫城山门 / 公元前437～前432年

图2－11 胜利神庙 / 公元前449～前421年

图2－12 帕提农神 / 公元前447～前431

图2－13 帕提农神庙檐部浮雕

成东西两部分，东部比较深，是圣堂，西部比较浅，近乎正方，是财库和档案馆。在这个核心的四周有一圈柱子形成围廊，围廊式是希腊本土庙宇最高贵的形制。台基、墙垣、柱子、檐部、山花、屋瓦，全都是用质地最好的纯白大理石做的。山花和檐部安装着大量的雕刻，并着以十分浓艳的红、蓝、金三种色彩（见图2-13）。山花顶上有青铜做的装饰。

它是希腊本土最大的庙宇，极其恢宏壮美。基座上沿长69.54米，宽30.89米。正面有8根柱子，侧面有17根，柱子高10.48米。

帕提农神庙反映出希腊空前高涨的民族凝聚力，贯穿着崇高庄严的美和英雄主义的勃发的激情，经过悠久的岁月，至今依然光彩夺目。它是世界建筑史上不朽之作，也是世界宝库中的瑰丽珍品。

4．伊瑞克提翁神庙

伊瑞克提翁神庙（Erechtheion）在帕提农神庙的背面，相距大约40米

图2－14　伊瑞克提翁神庙

图2－15　伊瑞克提翁神庙的女像柱廊

（见图2-14）。它造得比较晚，建于公元前421到前406年。

伊瑞克提翁神庙的形体很复杂，因为它建在一块神迹地上，地形有几道断坎，都不允许变动。它的圣堂不大，长23.50米，宽11.63米。圣堂分两部分，东部朝东，也祭奉雅典娜，正面是有6根柱子的前廊，柱子高6.5米。西部分左右两间：一间祀奉海神波塞冬，另一间祀奉伊瑞克提翁。两间之前共有一个前室，里面有传说的雅典城邦始建者的墓。西部比东部低3.21米，只能由前室向北开门，门前有面阔三间的柱廊。

圣堂的西墙外是传说的雅典娜手植的橄榄林。伊瑞克提翁的南墙紧贴一道3米高的断坎，而西立面在断坎之上，把南墙和西立面联系起来，也把庙宇和断坎结合成一体。这柱廊有6根高2.10米的柱子，正面4根，左右各两根。这6根柱子是6尊少女雕像，个个娴雅端庄，秀美健康。圣堂南墙是一大片雪白的大理石石墙，把女郎柱廊衬托得格外夺目（见图2-15）。

伊瑞克提翁神庙的各个立面变化很大，形体复杂，但构图都完整均衡，互相呼应，交接妥当，统一圆润。在整个古典时代，它都是最独特的，前无古人，后无来者。

它的装饰细部雕刻得很华丽、精致，但不着色彩，全是石头本色，又显得朴素，衬托出帕提农神庙的华丽。

（四）古希腊建筑的主要成就

古希腊建筑不仅为西方古典建筑奠定了基础，形成了秩序，而且创造出了多种建筑类型——神庙、露天剧场、竞技场、广场和敞廊等。其中以神庙为最重要的类型，也是古希腊留给后世的重要文化遗产。

古希腊建筑，尤其是希腊古典时期的建筑，对后来的古罗马建筑与19世纪西方资产阶级的复古主义建筑都有很大影响。希腊建筑是理性主义与现实主义结合的完美体现，如留给世界最具体而又直接的古典柱式，它们以人体为模板，并将其赋予新的生命——希腊建筑。柱式是除中世纪之外，欧洲主流建筑艺术造型的基本元素，它控制着大小建筑的形式和风格。世上还没有另外一种如此简单而又完整的元素，能以如此直截了当的方式几乎无所不包地决定着建筑的面貌。柱式的确立和完善是希腊建筑重要成就之一。

第二节　帝国雄风——古罗马建筑

一、概况

希腊在1世纪被罗马吞并，从此以后，古代世界的文化中心从希腊转移到了罗马。罗马的历史可上溯到公元前8世纪，公元前5世纪以前的罗马处于氏族部落时期，以后经历了共和国时期（前509～前30年）和帝国时期（前27～476年），帝国时期的罗马成为地跨亚、非、欧三大洲的大帝国。

罗马人虽然征服了希腊，但在文化教育上却又被希腊人征服，罗马人是希腊艺术的崇拜者和模仿者。希腊艺术对罗马产生了重大影响，但由于不同的社会环境和民族特点，罗马美术也有其不同于希腊美术的独特之处。罗马人不像希腊人那样富于想象，他们没有创造出像《荷马史诗》那样现实与幻想交织在一起的神话故事。罗马人是一个冷静、务实的农业民族，他们的艺术没有希腊艺术那样的浪漫主义色彩和幻想的成分，而具有写实和叙事性的特征。

希腊建筑主要用于敬神，围绕神庙和祭祀、纪念活动进行创作，带有理想化的色彩。罗马人的建筑则大多是以给帝王歌功颂德、满足罗马贵族奢侈的生活需要为目的的。

罗马帝国疆域包括大半个欧洲、北非和西亚。在这个范围里有经济和文化非常发达的希腊和埃及、叙利亚、小亚细亚等地中海东部的前希腊化地区。帝国统一之后，突破了地区的局限，广阔天地里的交流互补更促进了普遍的经济、文化高涨。帝国活跃的社会、政治、经济生活向建筑提出了许多前所未有的需要，而帝国又经历了长期的和平，拥有充沛的财力，而且发明了强有力的结构方法、建筑材料和施工技术，所以能够使这些需要成为现实。罗马人是希腊普化时期文明的全面继承者，他们也继承了希腊普化时期的建筑经验。起初，有一些建筑是希腊人设计的，在奴隶市场上甚至可以买到希腊建筑师，也有一些是由叙利亚人设计的。不过，罗马人以无比的胆略和求真务实的作风，适应新的需求、条件和手段，从而后来居上，终于在1～4世纪的极盛时期达到了古代世界建筑的最高峰。

二、实例分析

（一）大角斗场

角斗场，又称竞技场、圆剧场，是专为野蛮的奴隶主观看角斗而造。从功能、规模、技术和艺术风格各方面来看，罗马角斗场是古罗马建筑的代表作之一。

罗马帝国时期，奴隶制度的发达和自由小民的大量破产，造成了一批寄生的无产阶级，他们是公民或老兵，对皇帝的废立有举足轻重的影响，所以历任皇帝都对他们实行收买政策。皇帝通过各种休闲娱乐的方式，缓和公民内部分化造成的社会矛盾，大角斗场即为其一。

大角斗场位于罗马城中心，建于72～82年间，是古罗马文明的象征，在尼禄皇帝“金殿”的大花园里的湖泊基址上建造（见图2-16）。大角斗场是用来“表演”人与人角斗或者人与兽角斗，是一种极为野蛮残酷的表演。也可以从输水道引水，积水成湖，表演海战场面。

大角斗场平面呈椭圆形，占地面积约两万平方米，大直径为188米，小直径为156米，圆周长527米，围墙高57米。中央是表演区，外围排列着层层看台，这座庞大的建筑可以容纳近5万人数的观众，以宏伟、独特的造型闻名于世。表演区也是椭圆形，长轴86米，短轴54米，地底下隐藏着很多洞口和管道，这里可以储存道具和牲畜以及角斗士，表演开始时再将他们吊到地面上（见图2-17）。

看台约有60排座位，逐排升起，共分3层，即下层、中层及上层，顶层还有

图2－16　罗马大角斗场

图2－17　大角斗场地下室

一个只能站着的看台，这是给地位最低下的社会成员：女人、奴隶和穷人准备的。但即使在其他层，座位也是按照社会地位和职业状况安排的：皇室成员和守望圣火的贞女们拥有特殊的包厢，身着白色红边长袍的元老们坐在同一层的“唱诗席”中，然后依次是武士和平民。不同职业的人也有特殊的席位，例如士兵、作家、学者、教师以及国外的高僧等。观众们从第一层的80个拱门入口处进入罗马角斗场，另有160个出口遍布于每一层的各级座位，被称为吐口，观众可以通过它们涌进和涌出，混乱和失控的人群因此能够被快速地疏散。

大角斗场的外面用灰白色的凝灰岩砌筑，非常雄伟（见图2－18）。下面三层都用券柱式装饰，顶上一层实墙用壁柱分划，每个隔开间的中央开一个小窗。在第4层的房檐下面排列着240个中空的突出部分，它们是用来安插木棍以支撑露天剧场的遮阳帆布，皇家舰队的水兵们负责把它撑起以帮助观众避暑、避雨和防寒。每层80个拱，形成3圈不同高度的环形券廊（即拱券支撑起来的走廊）。看台逐层向后退，形成阶梯式坡度。角斗场的椭圆形形体和券柱式造成了丰富的光影变化和对比，它的单纯简练使其显得宏大庄重。二三层窗洞口的雕像，把大角斗场点缀得高贵而蓬勃。

（二）万神庙

万神庙（Pantheon）既是一座庙宇，又是一座皇家纪念物。始建于118年，落成于128年左右（见图2-19）。这座神庙是继希腊神庙艺术的又一发展，其充分利用拱券技术，并与希腊柱式结构创造性地结合在一起。其结构简洁，形体单纯，是古罗马建筑最辉煌的成就之一。

万神庙作为奉祀众神的圣殿，来源于希腊人信奉的多神教。在希腊，几

图2－18 罗马大角斗场外部

图2－19 罗马万神庙

乎每种神都有它自己的神庙，如雅典娜神庙、宙斯神庙等。罗马的宗教信仰基本上也承袭希腊遗风，但在伊特鲁里亚的建筑影响下，罗马人把诸神集中起来供奉，即在一所神庙内，可以设几个圣殿。此外，古希腊神庙四周以柱廊相环绕，它显得亮畅些，故建筑平面是呈矩形状；而罗马万神庙，因供神的圣殿较多，可呈圆环形，但空间必须宏大，于是在伊特鲁里亚的拱券结构的基础上，创造了这种从外观上看比较封闭的拱顶结构。

整个建筑是由门廊和神殿两大部分组成的。前一部分是门廊，即由两排科林斯式的柱子（每排8根）支撑着一个半三角形额墙的门廊，宽33.5米，深18米。后部则是一个巨大的圆形神殿，直径为43.3米，墙厚为6.2米。上面的半球形穹顶是建筑物的最精彩部分，它空间开阔，垂直的顶高几乎与圆形直径相仿佛，都是43.3米。四周无窗户，唯有从穹顶顶端的天窗射入的日光。因此，人在这个穹顶下，好像处在一个厚重的围壁包围之中，给人以一种恒定、宏阔的神秘印象，任何声音都可以互相撞回，使空间的共鸣性增大（见图2－20）。此种围合性的空间感，造成了信神者内心的超然力量。它是一种静态的力量，却又感到有无比的压力。建筑史家说它是“把古希腊的回廊移进了室内”的结果，这可以说是罗马神庙建筑中的典型的帝国风格。

神庙本身建在有三层台阶的高台基上，圆拱形的内壁虽无窗户，却有彩色大理石以及镶铜等装饰，华丽炫目；下边列柱广泛采用了可以减轻负担的拱门和壁龛，这种富有创造性的建筑结构，对中世纪以至文艺复兴时期欧洲各国的宗教建筑有不可估量的影响。它那宏伟的高空间穹顶，一直影响到欧洲的巴洛克风格，甚至近代的宫殿建筑。

（三）大型公共浴场

公共浴场在罗马帝国时期有了较大的发展。一是拱券技术的发明，二是为了满足古罗马腐朽的寄生阶层玩乐的需要。在2~3世纪，几乎每个皇帝都在各地建造公共浴场，以笼络公民们。仅在罗马城里就有11座大型浴场，小型的竟有800多个。

公共浴场是一种多功能的综合性建筑。罗马帝国时期的皇帝们建造的大型国家浴场，除了浴场和体育锻炼场所外，还增加了演讲厅、音乐堂、图书馆、交谊厅、棋牌室、画廊、商店、健身房、小吃铺等。门票十分低廉，市民们可以从早到晚在浴场里生活。

卡拉卡拉浴场（Thermae of Caracalla，211~217年建造）是由卡拉卡拉皇帝下令建造的，如今的罗马式浴场都是以它作为原型（见图2-21）。它是世上最大的浴场之一，长375米，宽363米，地段的前沿和两侧的前半都是店面，娈童和妓女也在这里活动。两侧的后半向外凸出一个半圆形，里面有厅堂，大约是演讲厅，旁边有休息厅。浴场可容纳1600人。在巨大的圆屋顶下，设有游泳池、桑拿池和冷水池，周围布满珍奇的植物、精致的雕刻和巧夺天工

图2－20 万神庙穹顶

图2－21 卡拉卡拉浴场遗址

的镶嵌图案。温水浴厅是所有浴室中最大的，长55.8米，宽24.1米，拱顶高度为38.1米。大温水浴厅用3个“十”字拱覆盖，“十”字拱的重量集中在8个墩子上，墩子外侧有一道短墙抵御侧推力，短墙之间再跨上筒形拱，增强了整体刚性，又扩大了大厅。这个大温水浴厅的规模和结构平衡体系的完善，在古罗马建筑中也是非常杰出的，对后世影响很大。所有的拱券都用天然火山灰混凝土浇筑，它们形成整体，所以到了现在，拱券和穹顶都已残破，却并不完全坍塌，高高耸立，给人极其强烈的印象。

浴场的供暖采用火炕供暖系统，这是罗马人一项独特的发明，利用热水来给地板加热。除了温度各异、用途不同的浴室之外，浴场内还设有图书馆、健身房、花园和会议室，全都配有精美的壁画作为装饰。锅炉房、仓库、奴隶和仆役休息室都在地下，地下还有一些过道，奴隶和仆役们从过道到浴场各部分去服务，保持浴客们眼前清净。浴场是罗马人社交生活的重要组成部分，不管是乞丐还是皇帝，都会频频光顾。

（四）凯旋门

凯旋门是古罗马的重要建筑形式之一，是为了纪念战争的胜利而建造的，通常是单独横跨在道路上。帝国时期，凯旋门的建造十分频繁，几乎每次战争胜利必建，到4世纪，仅罗马城就有36座凯旋门。提度凯旋门（The Arch of Titus）建于81年，是提度皇帝为纪念镇压犹太人的胜利而建的（见图2-22）。这是一个一跨式凯旋门，门的顶上曾放有提度驾马车的雕像，门的两边为爱奥尼亚和科林斯柱式的复合样式，使它显得结构匀称、明快。在拱门的两侧墙上有两块浮雕，表现了提度和他的军队从耶路撒冷胜利归来的场面。

君士坦丁凯旋门（Arch of Constantino）是罗马城现存最晚的凯旋门，它建于315年，是罗马为庆祝君士坦丁大帝彻底战胜强敌马克森提、统一帝国而建的（见图2-23）。这是一座晚期三跨式凯旋门，它有3个拱门，两边各有4根复合柱式装饰，柱基和门墙上都装饰着浮雕，歌颂君士坦丁的功绩。由于装饰过于堆积，显得有些臃肿，其中有些雕刻是从以前的建筑上拆下来的装饰雕刻，虽然规模雄壮，但已经失去了早期的简洁之美。

（五）图拉真纪念柱

纪念柱是罗马帝国纪念性建筑的另一种形式，留存至今的图拉真纪念柱是其代表作（见图2-24）。它是图拉真皇帝为纪念对达契亚人的胜利而建的，是

图2－22 提度凯旋门

图2－23 君士坦丁凯旋门

一个用大理石砌成的大柱子，由底座、柱身、柱顶三部分组成，共高38米。柱身内有一个螺旋形梯子直通柱顶，柱顶上曾立有图拉真皇帝的铜像，柱身环绕着23圈、长达224米的浮雕带，叙述了图拉真征服契亚人的战争经历。

图2－24 图拉真纪念柱 / 110～113年

三、成就和影响

古罗马帝国时期大型建筑物的风格雄浑凝重，构图和谐统一，形式多样，取得了巨大的成就。第一，当时的奴隶主贵族们追求现实的享乐，在建筑类型方面不再局限于古希腊时的神庙建筑。他们开拓了新的建筑艺术领域，设计了许多新的建筑类型，将视线转移到建筑竞技场、豪华的别墅、公共浴场等，每种类型都有相当成熟的功能形制和艺术样式。第二，空前开拓了建筑内部空间，发展了复杂的内部空间组合，创造了相应的室内空间艺术和装饰艺术。新创了拱券覆盖下的内部空间，有庄严的万神庙的单一空间，有层次多、变化大的皇家浴场的序列式组合空间，还有巴西里卡的单向纵深空间。有些建筑物内部空间艺术处理的重要性超过了外部体形。第三，除了继承古希腊的柱式外，他们丰富了建筑艺术手法，产生了新的柱式，拱券和穹顶都运用到各种建筑中。其中最为著名的是古罗马角斗场和万神庙，其完整、和谐、统一的建筑空间体现了罗马人追求完美、宏伟的建筑风格，而宏伟的规模、高超的技术水平则代表了古罗马建筑的最高成就。第四，发明了以火山灰为活性材料的天然混凝土。混凝土和拱券结构相结合，使罗马人掌握了强有力的技术力量，在建筑上大展宏图。

4世纪下半叶起，古罗马建筑渐趋衰落。15世纪后，经过文艺复兴、古典主义、古典复兴以及19世纪初期法国的“帝国风格”的提倡，古罗马建筑在欧洲重新成为学习的范例。这种现象一直持续到20世纪20～30年代。

第三节　神权至上——中世纪建筑

从476年西罗马帝国灭亡到15世纪文艺复兴运动开始的这一段时期，称为欧洲历史上的中世纪。文艺复兴时期的意大利人为了反对宗教神权的统治，推崇古希腊罗马的文化传统，并且认为从罗马帝国覆灭之后到文艺复兴之间的历史是野蛮黑暗的时代，是处于文明与复兴之间的时代，故称“中世纪”，后来这一名称被历史学家沿袭下来。

在欧洲中世纪文化中，由于基督教占据统治地位，决定了当时的社会生活方式和社会意识形态，艺术也不可避免地具有浓厚的宗教色彩，充当着上帝与教会的代言人的角色。因此，也有人将欧洲中世纪艺术称为基督教艺术。

欧洲封建社会的精神支柱是基督教，中世纪是上帝主宰的时代，是神灭掉人的最黑暗时代，封建统治阶级利用基督教麻痹和毒害人民。愚民们纷纷走进教堂，接受上帝的熏陶，忍受现世的苦难，祈望死后进入天堂。教堂里有《圣经》，但大多数人读不懂、不会读，所以神圣的教义只能通过绘画和石头来讲述——把它雕刻在教堂的墙壁和柱子上。于是圣人的形象和《圣经》的内容、寓言和布道场景都装饰到了教堂上，那里便成了大家都能读懂的“石头《圣经》”。中世纪的建筑基本上是基督教建筑，基督教活动的主要场所是教堂，所以集建筑、壁画和雕塑装饰为一体的教堂是中世纪建筑的代表。

一、早期基督教建筑（2～5世纪）

313年，罗马皇帝君士坦丁颁布《米兰敕令》，承认基督教的合法地位，并宣布这一曾经长期遭到罗马帝国镇压的新宗教为国教。这时的罗马帝国已处于分崩离析的前夜，基督教作为下层人民的信仰和意识，为结束古罗马的千年帝国起了推波助澜的作用，取得了合法地位之后，又作为统治者的工具来控制人民的思想。早期基督教艺术就反映了这个过渡时期的一些典型特征。

基督教没有自己的建筑传统，只好借用罗马现成的建筑形式。罗马有一种常见的公共建筑，平面呈长方形，中廊较宽，两旁有列柱分隔出过廊，平时供市民集会使用，称为“巴西里卡”。基督教徒把它直接搬用过来，在一端加上祭坛，并饰以宗教题材绘画，这种形式为以后的西方基督教堂的样式定了基调。320年前后开始兴建的圣彼得老教堂是规模最大的巴西里卡教堂之一。

二、拜占庭建筑（5～15世纪）

拜占庭帝国的首府君士坦丁堡（现为伊斯坦布尔）原是一个希腊化城市。330年君士坦丁大帝迁徙至此，逐渐代替了罗马城的地位，成为政治、经济和文化的中心、中世纪东西方贸易交流中心。拜占庭帝国不但继承了古希腊、古罗马的古典文化传统，同时也受到东方文化的影响。

拜占庭的建筑主要继承罗马风格，早期教堂建筑主要沿用罗马陵墓圆形或者多边形平面结构和万神庙式的圆穹顶。

现存伊斯坦布尔的圣索菲亚大教堂（St.Sophia Church，532～537）是拜占庭建筑艺术的代表。

圣索菲亚大教堂始建于532年，是君士坦丁大帝为供奉智慧之神索菲亚而建（见图2-25），后受损于战乱。537年查士丁尼皇帝为标榜自己的文治武功进行重建，它作为基督教的宫廷教堂，整整持续了9个世纪。教堂宏伟的穹顶由4座大拱门支撑。穹顶和柱子的顶部布满由一小块一小块玻璃组成的美丽镶嵌图案，常以金、银来加以 衬托（见图2-26）。

教堂占地面积约5 400平方米，主体呈长方形，中央大穹隆圆顶直径33米，顶部离地55米。东西两端连接着两个小穹隆圆顶，每个小圆顶又连接更小的

图2－25　圣索菲亚大教堂

图2－26　圣索菲亚大教堂马赛克镶嵌画

圆顶。教堂内由圆柱廊分隔成3条侧廊。柱廊上方的幕墙上穿插排列大小不等的窗户，中央穹隆圆顶基部环以40扇窗户，每当阳光透窗射入大厅时，绘有壁画和图案的半圆形穹顶犹如在空中飘荡，造成一种虚幻缥缈的神秘境界。这大概也是这座教堂被誉为“东方与西方，过去与未来相结合”的原因之一（见图2-27）。堂内所有圆柱均用颜色、花纹各异的大理石加工而成，墙壁下部也用大理石贴面。穹隆顶部和四周幕墙上面布满色彩绚丽的镶嵌画及大量精美的壁画和雕塑。

15世纪土耳其入侵君士坦丁堡之后，把圣索菲亚大教堂改成了清真寺。

三、罗马式建筑（10～12世纪）

10世纪之后，西欧经济水平提高，封建制度稳固。十字军东征和大规模的传道活动扩充了教会的势力和影响。经济的发展和宗教的狂热使新的教堂和修道院建筑层出不穷，为了追求更壮观的效果，这些建筑普遍采取了类似古罗马的拱顶和梁柱结合的体系，并大量采用希腊罗马时代的“纪念碑式”的雕刻来装饰教堂，因此，这个时代的风格被称为“罗马式”。

罗马式教堂兴起之时正值封建割据时期，所以具有封建城堡的特征：石墙很厚，窗户小而且距地面高，教堂前后往往建有碉堡似的塔楼，以防御外来攻击，高耸的塔楼使罗马式教堂在一般建筑中特别突出，加强了它作为纪念性建筑的效果。后来，塔楼逐渐固定在西面正门的两侧，成为罗马式建筑的一个标志。罗马式建筑遗留下来的著名建筑，以“比萨教堂建筑群”最驰名（见

图2－27　圣索菲亚大教堂内部

图2－28　比萨建筑群 / 11～13世纪

图2-28）。

比萨建筑群由大教堂（1063～1092）、洗礼堂（1153～1287）、钟塔（1174）和公墓（13世纪）4部分组成。大教堂是为纪念1062年打败阿拉伯人并攻占巴勒摩而建造的。该建筑群是意大利罗马式建筑的主要代表，也是意大利中世纪最重要的建筑。

11世纪初，比萨与威尼斯、热那亚、路加4个城市是当时欧洲经济最发达的城市，最早建立了城市自治共和国。比萨的著名历史建筑多为11～13世纪兴建，是在罗马式建筑的基础上，融合了拜占庭、阿拉伯等文化而形成的。

大教堂是由雕塑家布斯凯托·皮萨诺于1063年开始建造，两个世纪后由另一雕塑家雷纳完成。平面为“拉丁十字”形，全长95米，纵向有4排柱子，中厅用木屋架，侧廊用十字拱，平面十字交叉处上方为椭圆形穹顶。正立面高32米，有4层连列券柱廊做装饰，第一排柱廊两端立着两个传道者雕像，第四层顶端立着怀抱婴儿的圣母雕像，两侧为两个天使雕像。入口处有3个大铜门上面布满雕塑，描绘了圣母和耶稣的一生。

洗礼堂位于教堂前面，1153年开始兴建，1841～1856年重修。其与大教堂在同一轴线上，正门与大教堂正门相对。平面为圆形，直径35.4米，总高54米。立面分为3层，上两层为连列券柱廊，后经改造，增添了一些哥特式细部。圆顶上矗立着3.3米高的施洗约翰铜像。

钟塔在大教堂圣坛东南约12米处，这座钟塔也就是举世闻名的比萨斜塔（见图2-29）。1173年由当时著名建筑师博纳诺·皮萨诺（Bonanno Pisano）始建，动工五六年后，因发现已建好的3层塔身开始倾斜而停工。90

年后由另一建筑师焦旺尼·迪·西蒙内恢复建塔，他曾试图将塔身调直，未果。在他死后，直到1350年才由另一著名建筑师托马索·皮萨诺最后完成。

图2－29　比萨斜塔 / 1174年

钟塔平面图形，直径约16米，高56米，分为8层。底层只在墙上做浮雕式连列券柱，顶上一层向内收缩，中间6层均围以同样的连列券柱廊。现在钟塔顶部已南倾5.3米，斜度为5.6度。根据勘察，是由于地质松软造成地基塌陷所致。20世纪末，意大利向世界各国征求防止塔体继续倾斜的方案，包括中国工程师在内的许多国家的工程师都提供了建议。据说，经过维护现在已基本稳定。

公墓在教堂西北侧，建于13世纪，埋葬着600多个中世纪比萨著名人物和上层人士。

这几幢建筑物形体各异，对比强烈，变化丰富，但它们的构图手法又十分统一，均用连列券柱廊作为装饰，并以深红和白色大理石相间砌成，色彩明快，协调和谐。

12世纪罗马式建筑样式遍及全欧洲，但在不同民族和地区又有其独特的表现：在法国有各种地方学派；德国以形式质朴为特色；英国和西班牙都是接近法国罗马式的；意大利的罗马式发展对西欧建筑样式的发展有巨大影响。

四、哥特式建筑（12～15世纪）

哥特式建筑是12世纪末首先在法国开始，随后流行于全欧的一种建筑形式。哥特式建筑代表了封建中世纪最光辉、最伟大的成就，从内容到形式都具有显著的价值，从工程技术到艺术手法都达到了惊人的高度，它是当时人们智慧的结晶。

哥特式教堂建筑在艺术造型上有着共同的特点：

首先在体量和高度上创造了新纪录，从教堂的钟塔高度看，德国的乌尔姆市教堂高达161米；从教堂中厅的高度看，德国的科隆大教堂（Cologne Cathedral）中厅高达48米（见图2-30）。

图2－30　德国科隆大教堂 / 1248～1880年

其次是形体向上的动势十分强烈，轻灵的垂直线直贯全身。不论是墙和塔都是越往上分划越细，装饰越多，也越玲珑，而且顶上都有锋利的、直刺苍穹的小尖顶。不仅所有的顶是尖的，而且建筑局部和细节的上端也都是尖的，整个教堂处处充满向上的冲力。这种以高、直、尖和具有强烈向上动势为特征的造型风格是教会的弃绝尘寰的宗教思想的体现，也是城市显示其强大向上蓬勃生机的精神反映（见图2-31、图2-32）。

如果说罗马式以其坚厚、敦实、不可动摇的形体来显示教会的权威，形式上带有复古继承传统的意味，那么哥特式则以蛮族的粗犷奔放、灵巧、上升的力量体现教会的神圣精神。它的直升的线条，奇突的空间推移，透过彩色玻璃窗的色彩斑斓的光线和各式各样轻巧玲珑的雕刻的装饰，综合地造成一个“非人间”的境界，给人神秘感（见图2-33）。有人说罗马建筑是地上的宫殿，哥特式建筑则是天堂里的神宫。

哥特式教堂结构变化，造成一种火焰式的冲力，把人们的意念带向“天国”，成功地体现了宗教观念，人们的视觉和情绪随着向上升华的尖塔，有一

图2－31　英国圣约翰教堂 / 1220年

图2－32　意大利米兰教堂的尖拱

种接近上帝和天堂的感觉。

图2－33 德国科隆教堂壁画

从审美的层面看，罗马式建筑较宽大雄浑，但显得闭关自守，而哥特式建筑表现出一种人的意念的冲动，它不再是纯粹的宗教建筑物，也不再是军事堡垒，而是城市的文化标志，表明在最黑暗的中世纪获得一点有限的自由，人们会发现一丝现实世界的阳光透进了黑暗的中世纪。

图2－34 哥特式教堂中的彩色玻璃窗

与哥特建筑一起应运而生的是优美的彩色玻璃窗画（见图2-34）。这种画也成为不识字信徒们的圣经。圆形的玫瑰窗象征天堂，各式圣者登上了色彩绚丽的玻璃窗，酷似丰富多彩的舞台画面。当人们走近教堂不仅产生对天国的神幻感，也产生装饰美感。由于它是玻璃画，因此能依光线的穿透而生艳，以其光色的奇妙而引人入胜。

哥特式雕塑是教堂建筑不可缺少的装饰，它的人物形象开始保持独立的空间地位，追求三度空间的立体造型，力求符合真实的形象，追求自然生动的塑造，使人体逐渐丰满起来，衣褶也随之有了结构的变化，使人感到衣服里面是实在的人体。雕像不再是人的外形的模拟，而是有血有肉的人了。其雕塑手法多采用圆雕和接近圆雕的高浮雕（见图2-35）。

哥特式教堂最典型代表有法国巴黎圣母院、意大利米兰大教堂、法国夏特尔大教堂、德国科隆大教堂等。

巴黎圣母院坐落于巴黎市中心塞纳河中的西岱岛上，始建于1163年，是巴黎大主教莫里斯·德·苏利决定兴建的，整座教堂在1345年才全部建成，历时180多年（见图2-36）。

巴黎圣母院是一座典型的“哥特式”教堂，之所以闻名于世，主要因为它是欧洲建筑史上一个划时代的标志。圣母院的正外立面风格独特，结构严谨，看上去十分雄伟庄严。它被壁柱纵向分隔为3大块，3条装饰带又将它横向划分为3部分。其中，最下面有3个内凹的门洞。门洞上方是所谓的“国王廊”，上有分别代表以色列和犹太国历代国王的28尊雕塑。1793年，大革命中的巴黎人民将其误认作他们痛恨的法国国王的形象而将它们捣毁。但是后来，雕像又重新被复原并放回原位。“长廊”上面为中央部分，两侧为两个巨大的石质中棂窗子，中间一个玫瑰花形的大圆窗，其直径约10米，建于1220～1225年。中央供奉着圣母圣婴，两边立着天使的塑像；两侧立的是亚当和夏娃的塑像。

图2－35　哥特式建筑中的浮雕

图2－36　法国巴黎圣母院

教堂内部极为朴素，几乎没有什么装饰。大厅可容纳9 000人，其中1500人可坐在讲台上。厅内的大管风琴也很有名，共有6 000根音管，音色浑厚响亮，特别适合奏圣歌和悲壮的乐曲。曾经有许多重大的典礼在这里举行，例如宣读1945年第二次世界大战胜利的赞美诗，又如1970年法国总统戴高乐将军的葬礼等。

巴黎圣母院是一座石头建筑，在世界建筑史上，被誉为一级由巨大的石头组成的交响乐。虽然这是一幢宗教建筑，但它闪烁着法国人民的智慧，反映了人们对美好生活的追求与向往。

米兰大教堂（Milan Cathedral，1386～1897）又名多摩大教堂，是世界上最大和最有气派的教堂。这座教堂从公元1386年开始建造，一直到19世纪末才告完成。

米兰大教堂是根据第一任米兰大公加来西左·维斯孔蒂的命令建造的（见

图2-37）。教堂可容纳4万人。

图2－37　意大利米兰大教堂

米兰大教堂长约168米，宽约59米，宏伟的大厅被四排柱子分开，柱子加上柱头总高约26米，大厅顶部最高处距地面45米。圣坛周围支撑中央塔楼的4根柱子，每根高40米，直径达到10米，由大块花岗岩砌叠而成，外包大理石。在所有柱子的柱头上都有小龛，内置雕像，手工精美。柱与柱之间有金属杆件拉结。厅内全靠两边的侧窗采光，窗细而长，上嵌彩色玻璃，光线幽暗而神秘。教堂东端的3个环形花格窗，宽约8.5米，高约21米，是意大利花格窗中的精品。

教堂西端是仿罗马式的大山墙，众多的垂直线条和扶壁将墙面分成5个部分，扶壁上布满神龛雕像。

该教堂全部用砖建造，外表覆盖着洁白的大理石。今天它虽然已失去了昔日的光彩，但那华丽、纤巧的外貌，仍使游客叹为观止。特别是教堂顶上那135个尖塔直刺苍穹，给人难以磨灭的印象。每个塔尖都有和真人一般大小的雕像，其总数有3 615个之多。

第四节　辉煌灿烂——文艺复兴时期的建筑

一、文艺复兴运动

文艺复兴是指欧洲（主要是意大利）从14～16世纪文化和思想发展的潮流。这一时期文化的特点是复兴被遗忘的希腊、罗马的古典文化和人文秩序，扬弃一切仅为宗教奉献的观念。实际上，文艺复兴是欧洲资本主义文化思想的萌芽，是新兴资本主义生产关系的产物。

文艺复兴一词，源出意大利语rinas-cita，意为再生或复兴。14世纪时，新兴资产阶级视中世纪文化为黑暗倒退，希腊、罗马古典文化则是光明发达的典范，力图复兴古典文化，遂产生“文艺复兴”一词，作为新文化的美称。

文艺复兴发生的时代背景，是欧洲封建社会内部出现了资本主义经济的萌芽，城市工商业的繁荣及其政治上的相对独立或自治。在中世纪的最后阶段，西欧地区出现上述情况比较明显的有两处：南为意大利，特别是其中的佛罗伦萨；北为尼德兰，包括今荷兰及比利时。16世纪，法国、英国和西班牙建立了全国统一的王权，城市经济也有所发展，王权和市民阶级为反对封建割据有一定的联合，文艺复兴美术遂传播到那里。

文艺复兴建筑最初形成于15世纪意大利的佛罗伦萨（早期）；16世纪起传遍意大利并以罗马为中心（盛期），同时开始传入欧洲其他国家。17世纪起，意大利因欧洲经济重心西移而衰退，只有罗马因教会拥有从大半个欧洲收取信徒贡赋的权利而依然富足。这时在意大利半岛中开始了两种风格的并存：一是以意大利北部威尼斯、维琴察等地为中心的文艺复兴余波（后期）；另一是由罗马教廷中的耶稣教会所掀起的巴洛克风格。

二、欧洲文艺复兴时期的建筑特点

12～16世纪的欧洲，主要是宗教建筑，其特色为“高”、“尖”。文艺复兴以后，建筑的主题由宗教走向人生，即由寺院变为宫室。建筑风格的特点是追求豪华，大量采用圆柱、圆顶，外加很多精美的饰物。文艺复兴时期是意大利建筑最辉煌的时期，这一时期的建筑发生了不同于以往的新变化，古希腊、古罗马的建筑风格取代了欧洲盛行的哥特式风格，古典柱式再度成为建筑构图的主题，同时追求稳定感。文艺复兴时期的建筑的特点是推崇基本的几何体，如方形、三角形、立方体、球体、圆柱体等，进而由这些形体倍数关系的增减创造出理想的比例；在建筑设计及建造中大量采用古罗马的建筑主题、高低拱券、壁柱、窗子、穹顶、塔楼等，不同高度使用不同的柱式。建筑物底层多采用粗琢的石料，故意留下粗糙的砍凿痕迹，有些门窗也采用这种做法。文艺复兴时期的建筑结构、建筑风格是全新的，突破了风格主义的常规，创造出一种新颖而生动的活力。

三、文艺复兴时期建筑的代表作

（一）文艺复兴早期——佛罗伦萨主教堂

布鲁内莱斯基（Fillipo Brunelleschi，1377～1446）最初从事于雕塑创作，后与多纳太罗同赴罗马研究古代艺术，最后在建筑艺术上取得杰出成就，并在透视学和数学领域做出了重要贡献。他设计过一批代表文艺复兴成就的建筑，其中佛罗伦萨主教堂（Florence Cathedral，1420～1434）是其最早的作品。

大教堂采用了拜占庭教堂的集中型制，穹顶呈八角形，跨度42.2米，属当时欧洲最大的穹顶（见图2-38）。为减弱穹顶对支撑的鼓座的侧推力，布鲁内莱斯基在结构上大胆采用了双层骨格券，八边形的棱角各有主券结构，与顶上的采光亭连接成整体，这座大教堂总高107米，远远望去，格外醒目。这个穹顶在西欧的建筑中是史无前例的，中世纪最宏伟的穹顶也不过是覆盖着内部空间的穹顶，而不会在建筑结构中起着如此重要的作用。这座壮丽的新教堂体现了人文主义思潮的胜利，因此它也被誉为佛罗伦萨共和政体的纪念碑。从帕特·奎里法宫的设计中我们可以进一步体会到布鲁内莱斯基的革新，他比同时代的大多数人都更坚决地摆脱了中世纪的羁绊。

图2－38　佛罗伦萨主教堂穹顶

在建筑物立面的结构上，布鲁内莱斯基采用了壁柱式，为了把大厦分成两层又采用了全檐部的柱式，这样古典的柱式体系就决定了建筑物的比例、分划与造型。这是文艺复兴时代城市府邸中柱式的最早运用。

图2－39　佛罗伦萨主教堂钟楼

（二）文艺复兴盛期——圣彼得大教堂

圣彼得大教堂（St. Peter's Church，1506～1626）坐落在意大利圣彼得广场西面，东西长187米，南北宽137米，穹隆圆顶高138米，始建于1506年，1626年最后完成，是一座意大利文艺复兴与巴洛克（Bqroque）艺术的殿堂，为全世界最大的教堂之一及罗马天主教的中心教堂，是欧洲天主教徒的朝圣地，自1870年以来，重要的宗教仪式几乎都是在这里举行的（见图2-40至图2-42）。圣彼得大教堂里埋葬着各代教皇的圣骨，也是世界上最大的殡葬纪念馆。教堂的建筑、绘画、雕刻、藏品，都称得上是艺术珍品。教堂之大，能容5万人之众，是意大利文艺复兴时期的建筑家与艺术家米开朗琪罗、拉斐尔、勃拉芒特和小莎迦洛等大师们的共同杰作。

（三）文艺复兴后期——维琴察圆厅别墅

维琴察圆厅别墅（1552年始建）是建筑师帕拉弟奥（Palladio，1508～1580）的代表作之一（见图2-43）。其平面为正方形，四面有门廊，廊中有爱奥尼亚式柱子6根，前有大台阶，正中是一个上有穹隆的圆形大厅。这是一种把集中式应用到居住建筑中的尝试。严谨的四面对称损害了居住的功能，但形象上的主宰四方之感吸引了后来不少的追随者。

图2－40 圣彼得大教堂

图2－41 圣彼得大教堂穹顶内部

图2－42 圣彼得大教堂圣坛

图2－43 维琴察圆厅别墅

四、文艺复兴运动时期建筑的主要成就

文艺复兴是整个欧洲文化最辉煌的一段时期，这时期的建筑艺术独具特色，欧洲大地上矗立起许许多多经典华丽的建筑。文艺复兴时期的建筑艺术对后世也产生了极为深远的影响，如俄罗斯在18世纪建筑的彼得宫等。与今天单一的建筑结构相比，文艺复兴时期的建筑更显示出了它的雍容华贵、高贵典雅。文艺复兴是人类文艺发展史上一座重要的里程碑。文艺复兴时期的建筑主要取得了以下几方面的成就：

第一，建筑理论方面，以维特鲁威（Vitruvius，约公元前84～？）的《建筑十书》为蓝本，一方面强调人体美，把柱式构图与人体进行比拟，反映了当时的人文主义思想；另一方面，用数学和几何学关系如黄金分割、正方形等来确定美的比例和协调关系，以阿尔伯蒂的《论建筑》为代表。后期理论使古典形式变为僵化的教条，成为17世纪法国古典主义的张本，以帕拉第奥的《建筑四书》和维尼奥拉的《建筑五柱式》为代表。

第二，建筑设计方面，世俗类型增加。其平面一般均围绕院子布置，设计严谨，讲究对称、均衡，按轴线发展。立面趋于规律化，门窗排列整齐、距离相等，因而造成整齐庄严的立面。外部造型在古典建筑的基础上，采用了灵活多样的处理手法，如立面的分层、粗石与细石墙面的处理，叠柱、券柱式、双柱、拱廊的应用，粉刷、隅石、装饰、山花的变化等都有很大的发展，使文艺复兴建筑呈现出崭新的面貌。

第三，建筑技术方面，梁柱系统与拱券结构混合应用。大型建筑外墙用石材，内部用砖，或者下层用石，上层用砖砌筑。在方形平面上加鼓座和圆顶，穹隆采用内外壳和肋骨，从而使结构和施工技术达到了新的 水平。

第四，城市和广场方面，追求庄严对称。广场在文艺复兴时期得到很大的发展。按性质来分，广场可分为集市活动广场、纪念性广场、装饰性广场、交通性广场。广场一般都有一个主题，四周有附属建筑陪衬。早期广场周围布置比较自由，空间多封闭，雕像常在广场一侧；后期广场较严整，周围常用柱廊，空间较开敞，雕像往往放在广场中央。

第五，园林方面，喜欢自然、热爱乡村的风尚及郊外别墅的大量兴建，使园林艺术有了很大的发展。

第五节 风格迭变——17～18世纪的建筑

17世纪的欧洲，以树立人的尊严、解放人的心智、确信人的价值和能力为基本内容的文艺复兴运动结束了，两股新的文化潮流代之而兴，一股是巴洛克，一股是古典主义。

一、巴洛克风格

（一）产生的背景

巴洛克一词的来源有两种讲法，一种认为源于葡萄牙语或西班牙语，意为“畸形的珍珠”；另一种认为源于拉丁文，为“古怪荒诞”的意思。

巴洛克是天主教反宗教改革运动的文化，发轫于意大利罗马，主要服务于教皇和教廷贵族，后来传播到天主教国家，如西班牙、奥地利和德意志南部。巴洛克建筑艺术的主题和题材多是宗教性的，代表作是天主教堂。

从形式上看巴洛克建筑像是文艺复兴的支流与变形，但思想出发点却与人文主义截然不同。其开始的目的是要在教堂中制造神秘迷惘，同时又要标榜教廷富有的珠光宝气的气氛。它善于运用矫揉造作的手法来产生特殊效果：如利用透视的幻觉与增加层次来夸大距离之深远；采用波浪形曲线与曲面，断折的檐部与山花，柱子的疏密排列来助长立面与空间的凹凸起伏和运动感；运用光影变化，形体的不稳定组合来制造脱离现实的感觉等也是它的特点。

（二）代表作品

1. 罗马耶稣会教堂

罗马耶稣会教堂（Rome Jesus Church，1568～1602），是由建筑师维尼奥拉（Vignola，1507～1573）设计的（见图2-44）。其平面为长方形，端部突出一个圣龛，由哥特式教堂惯用的“拉丁十字”形演变而来，中厅宽阔，拱顶布满雕像和装饰。两侧用两排小祈祷室代替原来的侧廊。十字正中升起一座穹顶。教堂的圣坛装饰富丽而自由，上面的山花突破了古典法式，有了圣像和装饰光芒。教堂立面借鉴早期文艺复兴建筑大师阿尔伯蒂设计的佛罗伦萨圣玛丽亚小教堂的处理手法。正门上面分层檐部和山花做成重叠的弧形和三角形，大

图2－44　罗马耶稣会教堂

图2－45　罗马圣卡罗教堂

门两侧采用了倚柱和扁壁柱，立面上部两侧作了两对大涡卷。

2. 罗马圣卡罗教堂

罗马圣卡罗教堂（Church of San Carlo in Rome，1638～1667），是由建筑师波洛米尼（Borromini，1599～1667）设计的，是晚期巴洛克的代表（见图2-45、图2-46）。教堂基地狭小。主殿平面是一大变形的希腊十字，内部空间凹凸分明并富有动态感，顶部天花是几何形的藻井形，来自夹层穹隆的光源使室内光影变化强烈。特别是在临街的西立面中，波浪形檐部的前后与高低起伏，凹面、凸面与圆形倚柱的相互交织，使这座规模不大的教堂在此狭窄与拥挤的街道中显得生动与醒目。

3. 圣彼得大教堂广场

圣彼得大教堂广场（St. Peter's Church Square，1656～1667），是由建筑师伯尼尼（Bernini，1598～1680）设计的，同圣彼得大教堂是一组不可分割的建筑艺术整体。该广场长340米，宽240米，周围是一道椭圆形双柱廊，共有284根圆柱和88根方柱，柱端屹立着140尊圣人雕像，规模浩大，宏伟壮观（见图2-47）。广场中央耸立着一座高26米的方尖石碑，是专程从埃及运来的。石碑顶端立着一个十字架，底座上卧着4只铜狮，两侧各有一个喷水池。

（三）特点和成就

巴洛克设计突破了古典主义的常规，一反文艺复兴时期形成的追求高度写实与和谐端庄的人文主义传统，而追求华丽、夸张、怪诞和壮观的表面效果与鲜明饱满的色彩及扭曲动荡的曲线。通过光线变化和形体的动感来塑造一种精神气氛，从而把现实生活和激情幻想结合在一起，创作出一种惊心动魄的戏剧性趣味。其建筑的特点与成就主要表现在以下几个方面：

（1）利用透视或增加层次产生的幻觉，来夸大或缩小尺度与距离。

（2）采用波浪形曲线与曲面、断折的檐部与山花、柱子的疏密排列来助长立面与空间的凹凸起伏和运动感。

（3）运用光影的变化与形体的不稳定组合来产生虚幻与动荡的气氛。

（4）堆砌装饰，以大面积的天顶画、壁画、雕塑来刺激感官，制造脱离现实的感觉（见图2-48）。其中，壁画多喜欢运用透视法，色彩鲜艳明亮、构图动态剧烈，，并且常突破幅面界限；雕刻常常是自然主义的，动态感强且渗透到建筑中去，和建筑没有明确的构图关系，和绘画则互相渗透。

（5）教堂的室内装饰焦点集中在圣坛和祭坛。

图2－46　罗马圣卡罗教堂局部

图2－47　圣彼得大教堂广场

图2－48　巴洛克教堂壁画

二、古典主义

（一）产生背景

古典主义起源于17世纪的法国，与文艺复兴和巴洛克同源。其主要服务于国王和宫廷贵族，后来传播到新教国家，如英国、尼德兰和德意志北部。法国自16世纪起便致力于国家的统一，在建筑风格上逐渐脱离哥特传统走向文艺复兴。到17世纪中叶法国成为欧洲最强大的中央集权王国。国王为了巩固君主专制，竭力标榜绝对君权与鼓吹唯理主义，把君主制说成是“普遍与永恒的理性”的体现，并在宫廷中提倡能象征中央集权的有组织、有秩序的古典主义文化。古典主义建筑风格排斥民族传统与地方特点，崇尚古典柱式，强调柱式必须恪守古典规范。它在总体布局、建筑平面与立面造型中强调轴线对称、主从关系、突出中心和规则的几何形体，并提倡富于统一性与稳定感的横三段和纵三段的构图手法。古典主义强调外形的端庄与雄伟，内部则尽奢华与豪华之能事，在空间效果与装饰上常有强烈的巴洛克特征。

（二）代表作品

1. 孚-勒-维贡府邸

孚-勒-维贡府邸（Fu-Le-Uigun sites，1650～1660），将古典主义原则灌注到园林艺术中去，取得了成功（见图2-49）。府邸的轴线很突出，其平面以椭圆形的客厅为中心，其穹顶也是外部形体的中心。府邸的轴线延长而成为花园的轴线，花园在府邸的统率之下（见图2-50）。

其花园是几何形的，中轴长达1公里，笔直而宽阔。沿轴线有几个水池，设置着喷泉和飞瀑，点缀着雕像、台阶和假山洞，还有草坪和花畦。并用一道横向的水渠来丰富构图。轴线两侧是茂密的树林，林间小径也是笔直的，组成几何图案。大道和小径都有雕像、柱廊、喷泉之类作为对景。草地、花畦、水池等都是对称的几何形，各色花草排成大幅的图案。

图2－49　孚－勒－维贡府邸

图2－50　孚－勒－维贡府邸园林

2. 凡尔赛宫

凡尔赛宫（Versailles，1661～1756），是由建筑师J.H.孟莎（J.H.Mansart）设计的，它是欧洲最大的王宫，位于巴黎西南凡尔赛城。原为法国国王的猎庄，1661年路易十四令勒伏进行扩建，到路易十五时期才完成。王宫包括宫殿、花园与放射形大道3部分（见图2−51）。宫殿南北总长约400米。中央部分供国王与王妃起居与工作，南翼为王子、亲王与王妃命妇之用，北翼为王权办公处并有教堂、剧院等。

其立面为纵、横三段处理，上面点缀有许多装饰与雕像。内部装饰奢侈豪华。宫中最为富丽堂皇的殿堂要算著名的镜廊了。长廊左侧面对花园而开的17扇巨大拱形窗门相对应的17面巨型镜子。这17面大镜子，每面均由483块镜片组成（见图2−52）。白天，人们在室内便可通过镜子观赏园中美景。夜宴时，400支蜡烛的火焰一起跃入镜中，镜内镜外，烛光辉映，如梦如幻。

图2－51　凡尔赛宫鸟瞰

宫前大花园自1667年起由勒诺特设计建造，面积6.7平方公里，纵轴长3公里。园内道路、树木、水池、亭台、花圃、喷泉等均呈几何形，由统一的主轴、次轴、对景等，并点缀有各色雕像（见图2−53），成为勒诺特式花园，或法国古典园林的杰出代表（见图2−54、图2−55）。三条放射形大道事实上只有一条是通巴黎的，但在观感上使凡尔赛宫有如是整个巴黎甚至整个法国的集中点。总而言之，凡尔赛宫反映了当时法王意欲以此来象征法国的中央集权与绝对君权的意图。而它的宏大气派在一段时期中很为欧洲王公所羡慕并争相模仿。

3. 卢浮宫

卢浮宫（Louvre），建于1546～1878年，是法国历史最悠久的王宫（见图2-56、图2-57）。卢浮宫原是一个90平方米的四合院，自16世纪起屡经改建与扩建，至18世纪形成现存规模。东面四合院外的西立面，扩建于1624～1654年，是文艺复兴盛期的代表作。其立面有明显的水平向划分，每隔数开间便有一竖向构图，上部有半圆形山花。

外东立面又称卢浮宫东廊，设计者为彼洛、勒伏、勒勃亨。东廊长183米，高28米，构图采用横三段、纵三段手法。横向底层结实沉重，中层是虚实相映的柱廊，顶部是水平向

图2－52　凡尔赛宫内部装饰

图2－53　凡尔赛宫雕塑

图2－54　凡尔赛宫园林a

图2－55　凡尔赛宫园林b

图2－56 卢浮宫外立面

图2－57 卢浮宫内部装饰

图2－58 枫丹白露宫

图2－59 枫丹白露宫内部装饰

厚檐，各部分比例依次为2：3：1。纵向实际上分5段，以柱廊为主但两端及中央采用了凯旋门式的构图，中央部分则上有山花。柱廊强调采用双柱以增加其刚强感。造型轮廓整齐、庄重雄伟，被称为是理性美的代表，后广为欧洲各国王宫所模仿。

4. 枫丹白露宫

枫丹白露宫（Fontainebleau），建于1528年，法文意为“美泉”，因宫内有一泓美丽的八角形小泉而得名（见图2-58）。16世纪法王法兰西斯一世的狩猎别庄，经过路易王朝几位国王不断扩建，规模相当于一个城镇，有相当长的时间都作为法国国王的居城。城内有从文艺复兴时期至拿破仑帝政时代的装饰品和家具用品，颇具风味（见图2-59）。

（三）古典主义建筑特点与成就

古典主义是17世纪以法国为中心，主要服务于国王和宫廷贵族的一种建筑风格。其特点与成就主要表现在几个方面：以世俗题材为主，代表作品是宫殿建筑；重视构图和形体，追求端庄宏伟的艺术效果，强调以严谨的构图来象征永恒感和秩序感；崇尚古典法则，设计手法上以意大利晚期文艺复兴为基础，着重对古罗马建筑的模仿，同时吸收了巴洛克建筑的一些手法；重视轴线和等级秩序。

古典主义进一步总结和认识建筑美学的规律，把宫廷建筑和园林艺术推到新的高度。

三、洛可可风格

（一）产生背景和基本特点

洛可可式建筑风格（Rococo Style）于18世纪20年代产生于法国并流行于欧洲，是在巴洛克式建筑的基础上发展起来的，主要表现在室内装饰上。

洛可可艺术风格的倡导者是蓬帕杜夫人，她不仅参与军事外交事务，还以文化“保护人”身份，左右着当时的艺术风格。蓬帕杜夫人原名让娜·安托瓦内特·普瓦松，出生于巴黎的一个金融投机商家庭，后被路易十五封为侯爵夫人。在蓬帕杜夫人的倡导下，产生了洛可可艺术风格，使17世纪太阳王照耀下有盛世气象的雕刻风格，被18世纪这位贵妇纤纤细手摩挲得分外柔美媚人。

洛可可风格的基本特点是纤弱娇媚、华丽精巧、甜腻温柔、纷烦琐细。它以欧洲封建贵族文化的衰败为背景，表现了没落贵族阶层颓丧、浮华的审美理想和思想情绪。他们受不了古典主义的严肃理性和巴洛克的喧嚣放肆，追求华美和闲适。洛可可一词由法语ro-caille（贝壳工艺）演化而来，原意为建筑装饰中一种贝壳形图案。1699年，建筑师、装饰艺术家马尔列在金氏府邸的装饰设计中大量采用这种曲线形的贝壳纹样，由此而得名。洛可可风格最初出现于建筑的室内装饰，以后扩展到绘画、雕刻、工艺品、音乐和文学领域。

洛可可建筑风格的特点是室内应用明快的色彩和纤巧的装饰，家具也非常精致而偏于烦琐，不像巴洛克风格那样色彩强烈，装饰浓艳。德国南部和奥地利洛可可建筑的内部空间显得非常复杂。

洛可可装饰的特点是细腻柔媚，常常采用不对称手法，喜欢用弧线和“S”形线，尤其爱用贝壳、旋涡、山石作为装饰题材，卷草舒花，缠绵盘曲，连成一体。天花和墙面有时以弧面相连，转角处布置壁画。

为了模仿自然形态，室内建筑部件也往往做成不对称形状，变化万千，但有时流于矫揉造作。室内墙面粉刷，爱用嫩绿、粉红、玫瑰红等鲜艳的浅色调，线脚大多用金色。室内护壁板有时用木板，有时做成精致的框格，框内四周有一圈花边，中间常衬以浅色东方织锦。

洛可可风格装饰的代表作是尚蒂依小城堡的亲王沙龙（1722，让·奥贝尔设计）、巴黎苏比斯饭店的沙龙（1732，热尔曼·博夫朗设计）和德国波茨坦无愁宫。而这种建筑风格的代表作是巴黎苏俾士府邸和凡尔赛宫的王后居室。

（二）代表作品

苏俾士府邸室内

苏俾士府邸建于1735年，其室内装饰排斥一切母题，改用镶板和镜子，四周用细巧复杂的边框围起来。凹圆线脚和柔软的涡卷代替了檐口和小山花（见图2-60）。圆雕和高浮雕换成了色彩艳丽的小幅绘画和薄浮雕（见图2-61）。线脚和装饰都是细细的、薄薄的，没有体积感。室内追求优雅、别致、轻松的格调。

图2-60 苏俾士府邸室内装饰

图2-61 洛可可风格的室内装饰

18世纪中叶以后，欧洲的建筑史就头绪复杂，很难再用“罗马式”、“哥特”、“文艺复兴”、“巴洛克”、“古典主义”、“洛可可”等来描绘某种建筑的风格了，也很难再用几座典型的建筑或者主要的建筑师去代表欧洲某个历史时期建筑的特点和成就。

第三章
东方古代建筑

第一节　大漠孤烟——古埃及建筑

古埃及是世界文明的发源地之一，其古代建筑主要分为古王国时期（约公元前2686～前2181）、中王国时期（约公元前2181～前2040）、新王国时期（约公元前1567～前1085）三个时期。各个时期的建筑分别以金字塔、石窟陵墓、神庙等为代表。古埃及建筑在艺术象征、空间设置和功能安排等方面，有着深刻的文化印迹和浓厚的宗教含义，反映了古埃及独特的人文传统和奇异的精神理念。

一、古王国时期的建筑

古王国时期的军事政治势力，主要活动在北部尼罗河三角洲，首都孟菲斯。由于古埃及人迷信人死后会复活，并传说复活的人从此永生，因此法老与贵族千方百计在生时就建造妥善保存自己躯体的陵墓。最初的陵墓是仿照住宅的“玛斯塔巴”（Mastab）式，即略有收放的长方形台子（见图3-1）。最后发展到多层金字塔，因其方锥形或台阶形的轮廓近似于汉字“金”而得此译名，主要由临河的下庙、神道、上庙（祭祀厅堂）及方锥形塔墓组成。

目前，最早的金字塔是第三王朝国王乔赛尔的层级金字塔，规模最大的金

图3－1　玛斯塔巴

图3－2　胡夫金字塔

字塔是第四王朝修建的，其中胡夫的金字塔最大（见图3－2），高达146.5米，塔基面积52906平方米，共用石230万块，平均每块重约2.5吨。其内部有3个墓室，从北面一个距地面18米高的入口进去，通过甬道可分别进入这3个墓室。在中心墓室的室顶，奇迹般地盖有几块几十吨重的大石块。这个估计由230万块经过磨制的石头垒砌而成的精确的方锥体，在平均重量约为2.5吨的每块石头之间竟然拼和得十分密实，甚至连一片薄纸也无法插进去。在当时技术手段还十分原始的条件下，这简直是不可思议的事情，它为后人揭开其谜底蒙上了一层神秘的色彩。

古埃及的建筑师们用庞大的规模、简洁沉稳的几何形体、明确的对称轴线和纵深的空间布局来体现金字塔的雄伟、庄严、神秘的效果。对于这种建筑形状，很多人认为是太阳的象征，即尼罗河地区最高的神。当然，也有不少人并不这样看，他们认为金字塔的建筑形状与古埃及人的原始生殖崇拜有关，认为它更可能是男根的象征物，或源于对男根的某种崇拜。

在金字塔外有走廊、庙堂等建筑，有的内部还进行雕刻、绘画等建筑装饰。著名的狮身人面像——斯芬克斯（Sphinx）位于哈夫拉金字塔的前面（见图3－3）。

二、中王国时期的建筑

中王国时期，古埃及首都迁到上埃及的底比斯，该地峡谷很窄，两侧悬崖峭壁，在这里，金字塔的艺术构思已经完全不合适了。法老们效仿当地贵族的

图3－3 哈夫拉金字塔前面的狮身人面像

图3－4 曼都赫特普三世墓

传统，大多在山崖上凿石窟作为陵墓，并利用梁柱结构，建造比较开敞的室内空间，形成了这个时期代表性的建筑——石窟陵墓。建于戴尔·埃尔·巴哈利（Deir-el-Bahari）的曼都赫特普三世墓（Mausoleum of Mentu-Hotep Ⅲ）就是这类建筑的代表（见图3-4）。

曼都赫特普三世墓建于公元前2000年前后，开创了古代埃及新的陵墓形制。其建筑群有严正的纵轴线，主要建筑均作对称构图，雕像和建筑物、院落和大厅，作纵深序列布置。墓区的大门内是一条两侧密排着狮身人首像的石板路，长约200米。然后是一个大广场，当中沿道路两侧排着法老的雕像。由长长的坡道登上一层坪台，坪台前缘的壁前镶着柱廊。坪台中央有一座不大的金字塔，它正面和两侧造着柱廊。后面是一个院落，四面有柱廊环绕。再后面是一座有80根柱子的大厅，由它进入小小的石窟式圣堂。

整座陵墓庄严对称，比起古王国金字塔那种比较原始、比较直觉的处理来，它对建筑艺术的理解，明显是加深了。但是，利用悬崖则依旧可见金字塔的构思，它仍然是将皇帝的威力当作自然力的表现，自有一种浑朴而粗犷的气度。

三、新王国时期的建筑

新王国时期仍以底比斯为首都，频繁地远征掠夺来大量的财富和奴隶，是古埃及最强大的时期。奴隶是建筑工程的主要劳动者。国王为缓和民众反对大肆劳民伤财地建造法老陵墓的情绪，宣扬敬奉太阳神阿蒙，而法老自称是阿蒙的化身。神庙取代陵墓，是这一时期建筑的主要特色。神庙既是祭祀神灵之地，又是法老的行宫，因此具有宫廷建筑的某些特征。

神庙主要有围有柱廊的内庭院、接受臣民朝拜的大柱厅和只许法老和僧侣进入的神堂密室三部分组成。这种建筑有两个艺术重点：一个是大门，群众性的宗教仪式在它前面前举行，力求富丽堂皇，和宗教仪式的戏剧性相适应。另一个是大殿内部，皇帝在这里接受少数人的朝拜，力求幽暗而威严，和仪典的神秘性相适应。门的样式是一对高大的梯形石墙夹着不大的门道。为了加强门道对石墙的体积的反衬作用，门道上檐部的高度比石墙上的大得多。石墙上满布着彩色的浮雕及圆雕。这种大门的景象是喧闹的、热烈的，皇帝在这里被一套套仪式崇奉为“泽被万物的恩主”。其规模最大的是卡纳克和卢克索的阿蒙神庙（Luxor Temple）。

卡纳克的阿蒙神庙是在很长时间陆续建造起来的，结合了神坛、列柱、塔门、方尖碑等建筑元素，总长336米，宽110米。前后一共造了6道大门，而以第一道为最高大，它高43.5米，宽113米。主神殿是一柱子林立的柱厅，宽103米，进深52米，面积达5 000平方米，内有16列共134根高大的石柱。中间两排12根柱高21米，直径3.6米，支撑着当中的平屋顶，两旁柱子较矮，高13米，直径2.7米。殿内石柱如林，仅以中部与两旁屋面高差形成的高侧窗采光，光线阴暗，形成了法老所需要的“王权神化”的神秘压抑的气氛。在卡纳克神庙的周围有孔斯神庙和其他小神庙，宗教仪式从卡纳克神庙开始，到卢克索神庙结束。两者之间有一条1000米长的石板大道（见图3−5），两侧密排着圣羊像，路面夹杂着一些包着金箔或银箔的石板，闪闪发光。这些巨大的形象震撼人心，精神在物质的重量下感到压抑，而这些压抑之感正是崇拜的起始点，这也是卡纳克阿蒙神庙艺术构思的基点。

方尖碑（Obelisk）也是神庙建筑的重要组成部分（见图3−6），其有特定的形制：截面是正方形，上细下粗，顶上是金字塔形尖端，高度和宽度的比约为10：1。所有的方尖碑都是用整块花岗岩雕成的，有的高达50余米，也就是20层楼高。作为法老的记功柱，它们表面刻满

图3−5　卡纳克神庙的神道

了象形文字。

神庙具有两个艺术特点：一是牌楼门及其门前的神道及广场，是群众性宗教仪式的公共场所，力求富丽堂皇而隆重，以适应戏剧性的宗教仪式；二是多柱厅神殿内少数人膜拜皇帝之所，力求幽暗而威严，以适应仪典的神秘性。神庙的艺术重点已从外部形象转到了内部空间，从雄伟阔大而概括的纪念性转到内部空间的神秘性与压抑感。

公元前332～前30年的托密勒王朝时期，埃及王朝国势衰落，北部屡遭亚述、波斯和希腊入侵，最后同为古罗马所吞并。因战事频繁，故建筑规模不大，但做工都比较精致，各种柱头的雕琢十分精美，并反映出受古希腊、罗马文化的影响。以后，埃及自身的建筑特色渐弱，而变成了伊斯兰建筑体系的重要成员。

历经沧桑的古埃及建筑像连环画似地诉说着一个遥远而辉煌的过去，古埃及人利用高超的石材加工制作技术创造出巨大体量、简洁几何形体、纵深空间布局的建筑，以达到追求雄伟、庄严、神秘、震撼人心的艺术效果，在建筑艺术上充分体现了当时的思想观念和璀璨的文化气息，它把神、法老、奴隶等各类元素集中反映于一体，使古埃及建筑充满神秘特点，而且其独特的建造形式也使它立于世界一方，成为世界建筑史上的奇迹（见图3-7、图3-8）。

图3－6　卡纳克神庙方尖碑

图3－7　卡纳克神庙的石柱

图3－8　卡纳克神庙神道旁的圣羊像

第二节　长河落日——古代两河流域建筑

两河流域是指纵贯今伊拉克境内的幼发拉底河和底格里斯河之间的地区，古希腊人称它为“美索不达米亚”（意为“两条河之间的地区”），这里是人类文明的发祥地之一。

在公元前4000年左右，两河流域就出现了定居的农业民族，到公元前3500年苏美尔人从中亚经伊朗迁徙到两河流域，建立了最早的城市。这以后，这一地区先后出现了许多个奴隶制国家。直到公元前538年被并入波斯帝国为止，在历史上大致可以把两河流域分为苏美尔—阿卡德时期（公元前3500～前2000）、巴比伦时期（公元前1900～前1600）、亚述时期（公元前1000～前612）、 新巴比伦时期（公元前612～前539）、波斯帝国时期（公元前538～前330）。在这些历史时期中，古代两河流域的建筑主要成就主要形成于苏美尔—阿卡德时期、亚述时期、新巴比伦时期和波斯帝国时期。

一、苏美尔—阿卡德时期的建筑

苏美尔－阿卡德时期的建筑有独特的成就。两河流域南部原是一片河沙冲积地，没有可供建筑使用的石料。苏美尔人用黏土制成生砖（土坯），作为主要的建筑材料，后来也运用烧制砖。已经运用了砖砌拱门和圆柱，为了使建筑具有防水性能，他们在墙面镶嵌陶片装饰。苏美尔人最重要的建筑是神庙和寺塔。神庙多建在用土垒起来的多层大台基上，下面的几层都没有内室，只有最上一层才有一个小神庙，这种类似于梯形金字塔的建筑被称为“吉库拉塔”，乌鲁克神庙（Uruk）就是这种建筑最典型的代表。

乌鲁克遗址的聚落面积达0.81平方公里，神殿建筑宏伟壮观，以其为中心形成庞大的聚落，并向城市发展。神庙建筑物包括石庙、红庙、镶嵌厅等。其中镶嵌厅建于台基上，大厅柱廊由两排直径达2.62米的柱子拱立，围墙以红、白、黑色的圆锥形物镶嵌，显得神奇而又富丽。乌鲁克城废墟上的神庙是残留的最古老的美索不达米亚神庙（层进式神庙）之一（见图3–9）。

到乌尔第三王朝时期，建筑技术方面又取得了新的成就，在建筑的外层

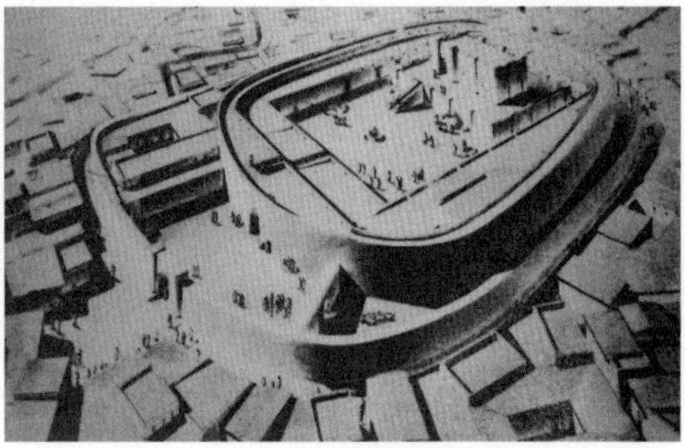
图3－9 乌鲁克神庙

包上一层烧制砖，内层仍用生砖和土，穹隆形的圆屋顶也出现了。建于这个时期的乌尔寺塔可以表现出当时建筑技术的成就。

乌尔寺塔，也称乌尔观象台（Ur Ziggurat）或山岳台，是古代西亚人崇拜山岳、崇拜天体、观测星象的塔式建筑物。山岳台是一种多层的高台，有坡道或者阶梯逐层通达台顶，顶上有一间不大的神堂。坡道或阶梯有正对着高台立面的，有沿正面左右分开上去的，也有螺旋式的。古埃及的台阶形金字塔或许同它有过联系。公元前30世纪，几乎每个城市的主要庙宇都有一个或者几个山岳台或者天体台。残留至今的乌尔山岳台（见图3-10、图3-11），采用了夯土筑造技术，外贴一层砖，砌着薄薄的凸出体。第一层基底面积为3 723平方米，高9.75米，有三条大坡道登上第一层，一条垂直于正面，两条贴着正面。第二层的基底面积为2 925平方米，高2.50米，以上残毁，据估算，总高达约21米。传说第一层黑色，象征冥界；第二层红色，象征人间；第三层青色，象征天堂，第四层白色，象征明月，便是月神庙。夜深时刻，月神会乘风而下，与敬神的人相会。

二、亚述时期的建筑

公元前1600年前后，巴比伦被加喜特人灭亡。以后的600年中，两河地区

图3－10 乌尔山寺塔遗址

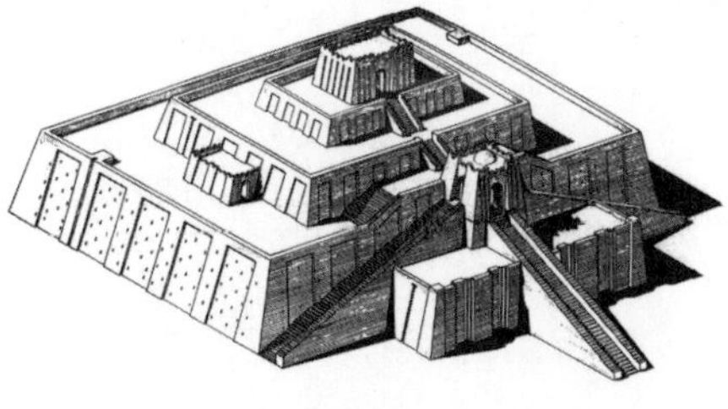
图3－11 乌尔寺塔复原图

图3－12　萨尔贡二世王宫遗址

图3－13　萨尔贡二世王宫前的兽身人首像

文化处于退化时期。加喜特人很少创造出杰出的艺术成就，而在底格里斯河上游的亚述高原兴起了另一支闪米特人，他们在公元前10世纪前后兴起，史称亚述人。亚述人的性格极为剽悍，崇尚武功。他们连年进行对外征服战争，征服了整个两河流域和埃及，成为盛极一时的亚述帝国。但这个矛盾重重的大帝国并不长久，在内外矛盾的夹攻之下于公元前612年灭亡。

亚述人在文化上同样受苏美尔人影响，但却不具有苏美尔人那种对宗教的虔诚。他们的艺术主要为世俗生活服务，具有很强的现实性。在建筑艺术方面，亚述人不重来世，不修筑陵墓，所以亚述时期的建筑艺术仅见于宏伟豪华的宫殿建筑。每一代国王登基都要大兴土木，建造新宫，这一时期建造了两河流域历史上规模最大的王宫建筑。王宫多建于高大的台基上，有许多宫室和附属建筑。由于战火连绵，亚述王宫所剩无几，胡尔西巴德的萨尔贡二世（Sargon Ⅱ）宫殿是其主要代表。萨尔贡王宫营造7年才竣工。它建在一个高18米、边长300米的方形土台上，宫殿由20多个内院、200多个房间组成。王宫大门两边的墙上有一些人面兽身的浮雕，题材为表现国王出征、狩猎和宫廷生活等内容。门口处有一对高1.8米的带翼人首兽身像，像有五条腿，可从正面、侧面两个方向观看，气势极为雄壮有力，由此可想象当年亚述王宫的气势。

三、新巴比伦时期的建筑

新巴比伦时期，美索不达米亚文明才达到了它的鼎盛时期。其建筑成就主要体现在巴比伦城和王宫的修建等方面。

巴比伦城有内外两重城墙，墙厚城高，城墙之间用壕沟相隔，还建有多座防御塔楼和水力防御系统，壁垒森严。城内的“圣道”贯穿南北，全用一米见方的大理石板铺砌而成，中间是白色或玫瑰色的，两边是红色的。圣道的尽头有一座巨大的塔台式建筑——巴比伦通天塔，塔基的长度和宽度各约98米，用巨大石头筑砌成7层台阶，一层垒叠一层，一阶高出一阶，高度近百米。在建筑装饰上，其城门的两边和王宫的墙壁上都用彩色琉璃砖镶出种种动物图案，尤为独特。如在伊斯塔尔（Ishtar）门前、后两道门的大门墙上都装饰着蓝色的陶砖，上面分布着横向排列的黄色、褐色、黑色陶砖组成的动物，如牛、狮子以及长着蛇头鹿身兽爪的神化动物（见图3-14至图3-16）。黄褐色的浮雕和蓝色的背景构成鲜明的对比，具有强烈的装饰效果。

新巴比伦王朝建筑的最大成就是被誉为古代世界七大古迹之一的“空中花园”。空中花园（见图3-17），阿拉伯语称其为“悬挂的天堂”，为立体结构，共7层，高25米。基层由石块铺成，每层用石柱支撑。层层都有奇花异草，蝴蝶在上面翩翩起舞。园中有小溪流淌，溪水缘自幼发拉底河河水。相传尼布甲尼撒国王为了治愈爱妻的思乡病，特地建造了这座超豪华的“天堂”献给她作为礼物。

四、波斯帝国时期的建筑

公元前6世纪至公元前4世纪，波斯帝国国势强盛，统治了两河流域地区。在建筑上，波斯建筑继承了两河流域的传统，汲取了希腊、埃及等地区的建筑

图3－14　巴比伦城伊斯塔尔门

图3－15　琉璃砖墙上的怪兽

图3－16　琉璃砖墙上的马

图3－17　巴比伦城的空中花园

图3－18　波斯波利斯宫殿遗址

图3－19　波斯波利斯宫殿台阶浮雕

成就，又有所发展。其建筑物一般都建在高大的石台基上，王宫的殿堂使用了高大的石柱。王宫的台基和墙壁常用石浮雕作装饰，也有用琉璃砖镶成的图案作装饰的。

新都波斯波利斯（Persepolis）建于公元前518～ 前460年。宫殿建在依山筑起的平台上，台高约15米、长460米、宽275米（见图3–18）。北部为两座仪典大殿，东南是财库，西南为王宫和后宫，周围有花园和凉亭。布局规整，但整体无轴线关系。

宫殿主要用伊朗高原的硬质彩色石灰石建造。正面入口前有大平台和大台阶。台阶两侧墙面刻有浮雕群像，象征八方来朝的行列，适应大台阶的外形，逐级向上,与建筑形式协调统一（见图3–19）。

两座仪典大殿平面都为正方形，采用石柱木梁枋结构。前面一座为薛西斯一世接待殿，约76.2米见方。殿内有石柱36根，柱高19.4米，柱径与柱高之比为1：12，柱中心纵横间距均为8.74米。大殿四角有塔楼。塔楼之间是两进柱廊，高约为大殿之半。大殿开高侧窗。西面柱廊为检阅台，可以俯瞰朝贡的外国使节支搭的帐篷。另一大殿为大流士百柱殿，68.6米见方，有石柱100根，柱高11.3米。两座大殿结构轻盈、空间宽畅，在古代建筑中是罕见的。宫殿外墙面贴黑白两色大理石或琉璃面砖，上作彩色浮雕。木枋和檐部贴金箔。大厅内墙满饰壁画。石柱上的雕刻精致。覆钟形柱础刻花瓣纹，覆钟之上为半圆线脚。柱身有40～48条凹槽。柱头由覆钟、仰钵与几对竖立的涡卷和一对相背而跪的雄牛像组成（见图3-20）。

图3－20　波斯波利斯仪典大殿的石柱

由于特殊的地理环境，古代两河流域的建筑成就体现出了独特的特点。两河流域缺石少木，相继发展出土坯砖、烧砖的筑墙技术，并以沥青、陶钉石板贴面及琉璃砖保护墙面，使材料、结构、构造与造型有机结合，创造以土作为基本材料的结构体系和墙体饰面装饰的独特方法。

第三节　寺塔林立——印度古代建筑

“印度”之名来自印度古代文明的发祥地之一——印度河，古代印度的地理概念指整个南亚次大陆地区。这里是佛教、婆罗门教和耆那教的发祥地，后来又有伊斯兰教流行。在印度历史发展的过程中，各种宗教文化的交织，既留下了丰富的文明，也形成了富有特色的宗教建筑体系。印度的建筑按照宗教特点可以分为佛教建筑、婆罗门教建筑、耆那教建筑、伊斯兰教建筑等。

一、古印度哈拉巴文化时代的建筑

约公元前2300年的时候，印度就出现了摩亨佐·达罗（见图3-21）和哈拉

图3－21　摩亨佐·达罗城遗址

图3－22　印度桑吉·窣堵波

巴这两座宏伟的大都市。特别是摩亨佐·达罗城（Mohenjo-daro），从现存遗址来看，显然曾经经过严格的规划：全城分成上城和下城两个部分，上城住祭司、贵族，下城住平民；城市的街道很宽阔，拥有很完整的下水道；城里有各种建筑，包括宫殿、公共浴场、祭祀厅、住宅、粮仓等，功能很明确。

二、佛教建筑

佛教建筑的种类主要有窣堵波、石窟和塔。窣堵波（Stupa）是一种半圆形的建筑，样子像坟墓，又像倒扣着的饭钵，所以这种造型也叫"覆钵"（见图3-22）。窣堵波主要用来掩埋佛祖释迦牟尼或其他圣徒的"舍利"。桑吉窣堵波（Sanchi Stupa）是印度最大的窣堵波，约建于公元前250年。半球体直径32米，高12.8米，下为一直径为36.6米、高4.3米的鼓形基座。半球体用砖砌成，红色砂岩饰面，顶上有一圈正方石栏杆，中间是一座亭子，名曰佛邸。窣堵波周围有一圈石栏杆，四面正中均设门，门高10米。每座门上有三道横梁，模仿木结构的式样，石梁和柱子上都布满了佛祖本生故事和动植物题材的雕刻。

古印度人相信大地的深处与神灵具有某种神秘的联系，因此热衷于在坚硬的山岩峭壁上开凿各种洞穴，以供僧人修行或信徒进行宗教仪式之用，这就是石窟。石窟主要有两种类型：支提窟和精舍。支提窟是举行宗教仪式的石窟，平面长方形，纵端为半圆形，半圆形的中间有一个窣堵波。除入口处外，沿内墙面有一排柱子。精舍，也称毗诃罗窟，以一个方厅为中心，三面凿出几间方

图3－23 阿旃陀石窟群

图3－24 阿旃陀石窟群局部

形小室，供僧侣静修之用；第四面为入口，没有门廊。精舍和支提窟常相邻并存，如阿旃陀的石窟群（Ajanta Caves）。

阿旃陀石窟群（见图3-23）位于印度西部地区文雅达山的悬崖上，营建于公元前2世纪～7世纪，共有30个窟，其中有5个是支提窟，其余都是僧房。有的僧房有模仿木结构建筑的痕迹，三面石壁，室内常常有一个小水池。窟内有石雕佛像、藻井图案和壁画等，主要表现佛的生平故事和印度古代的宫廷生活（见图3-24）。

某些地方的窣堵波造型逐渐发生变化，下面的台基越来越高，形成高大的塔身，而半圆形的覆钵却缩小成为顶上的一支刹，这样就出现了新的建筑类型——佛塔。印度的佛塔通身用石头砌筑，没有一层一层的檐，造型与后来的中国佛塔很不一样。印度最著名的塔是佛陀迦耶的大菩提寺塔，寺庙建于2世纪，佛塔建于5～7世纪（见图3-25）。大菩提寺塔有一个很高的台基，上面一共建了5座塔——中央是一座55米高的大塔，四角是4座小塔，彼此形成鲜明的对比，进一步映衬出主塔的高大雄健，塔身上同样布满了各种雕刻，这种布局式样叫作“金刚宝座塔”（见图3-26）。

三、婆罗门教建筑

从10世纪起，印度各地普遍建造婆罗门教庙宇。庙宇的形式和规格都参照农村的公共集会建筑和佛教的支提窟，用石材建造，采用梁柱和叠式结构。塔的外形从台基到塔顶连成一个整体，布满雕刻，建筑形式各地不同。

图3－25 佛陀迦耶的大菩提寺塔

图3－26 佛陀迦耶的大菩提寺塔局部

北部的寺院体量不大，有一间神堂和一间门厅，都是方形平面，共同立于高台基上。门厅部分的檐口水平挑出，上为密檐式方锥形顶，最上端是一个扁球形宝顶。神堂上面是一个方锥形高塔，塔身密布凸棱，塔形曲线柔和，塔顶也是扁球形宝顶，神堂是一间圣殿，四方正方位开门，整个庙宇象征婆罗门教湿婆、毗湿奴、梵天三位一体神。最杰出的是科纳拉克的太阳神庙（见图3-27）。科纳拉克太阳神庙位于印度东部奥里萨邦的科纳拉克村，濒临孟加拉湾。神庙建于13世纪，外形是别致的太阳神苏利耶的战车，有12对巨大的石雕车轮和7匹拉着战车的石马（见图3-28）。寺庙内的雕饰精美细腻，造型生动。

南部寺院规模庞大，通常以神堂为主体，还有僧舍、旅驿、浴室、马厩等。周围是长方形围墙，神堂顶上，每边围墙中央的大门顶上都有高耸的方锥形塔，造型挺拔、简洁，虽满布雕刻，仍保持单纯几何体的轮廓。典型的例子是马杜赖的米纳克希神庙（见图3-29、图3-30）。

图3－27 科纳拉克的太阳神庙

图3－28 科纳拉克的太阳神庙局部

图3－29 马杜赖的米纳克希神庙

图3－30 米纳克希神庙顶部

图3－31 贝鲁尔神庙

中部寺庙的四周有一圈柱廊，内为僧舍或圣物库。院子中央宽大的台基正中是一间举行宗教仪式的柱厅，它的两侧和前方，对称地簇拥着3个或5个神堂。神堂平面为放射多角形。神堂上的塔不高，彼此独立，塔身轮廓为柔和的曲线，有几道尖棱直通相轮宝顶。一圈出挑很大的檐口把几座独立的神堂和柱厅殿联为一体。如印度德干西南的贝鲁尔神庙（见图3-31）。

四、耆那教建筑

耆那教是印度古老的宗教，在1000～1300年间，印度的北部兴建了许多耆那教寺庙，其主要特征：有一个十字形平面的柱厅，柱子或柱头上的长长的斜撑支撑着八角形或圆形的藻井，藻井精雕细琢，极其华丽。如印度中部的古都卡久拉霍东区的帕什瓦那神庙就是耆那教寺庙的代表，其主体由小塔层层上垒，组成大塔，塔身布满雕刻（见图3-32）。

图3－32 帕什瓦那神庙

五、伊斯兰教建筑

12世纪末开始，一些伊斯兰教的教徒在分裂的印度北方建立了几个小王国，也为印度带来了清真寺、陵墓、经院等新的建筑形式。后来伊斯兰教的势力在印度日益壮大，到了16世纪中叶，信奉伊斯兰教的莫卧儿王朝统一了印度的大部分地区，伊斯兰建筑也由此在印度达到了鼎盛时期。这段时间里，有许多中亚、伊朗的匠师来到印度，带来新的工艺，对印度建筑也产生了有益的影响。

这一时期，最有代表性的建筑类型是陵墓、清真寺，同时宫殿、城堡等非宗教的世俗建筑也取得了很高的成就。这些建筑的形式和规格虽受中亚、波斯的影响，但已具有了独立的特征。穹顶有了很大的改进，清真寺、陵墓多以大穹顶为中心作集中式构图，四角则是体形相似的小穹顶衬托。立面设有尖券的龛，墙体多用紫赭色砂石和白色大理石装饰。广泛使用大面积的大理石雕屏和窗花，建筑轮廓饱满，色彩明朗，装饰华丽，具有强烈的艺术效果。

莫卧儿王朝在阿格拉堡离宫所建的清真寺正门叫布兰—达瓦扎，为八角形平面，中央开了一个巨大的凹廊，门洞处理成火焰形。这座建筑的构图很严谨，各部分比例经过严格推敲，显得很和谐。建筑的外观采用红色的砂石，并镶嵌上白色的大理石花纹。

伊斯兰风格给印度建筑带来了穹顶。穹顶就是半圆形的屋顶，样子有点像洋葱头，顶上有一个尖。印度的古尔·艮巴士墓建了一个60多米高的大穹顶，其宏大的规模超过了著名的古罗马万神庙，在古代世界是屈指可数的大型结构，达到了很高的技术成就。

16世纪最著名的陵墓是皇帝胡马雍墓，位于旧德里南边，带有非常舒展的台基，陵体上面建有大穹顶，整个建筑采用纯净的大理石和砂岩砌筑，外表纯净，几乎没有雕刻，这座建筑标志着印度伊斯兰式的陵墓造型已经基本成熟（见图3-33）。

莫卧儿王朝最伟大的建筑是17世纪中叶建造的泰姬·玛哈尔陵（也称泰姬陵），位于印度距新德里200多公里外的北方邦的阿格拉城内，它是印度最著名的建筑之一，堪称世界建筑史上的一大奇迹。泰姬·玛哈尔陵是皇帝谢哈布丁·沙阿·杰汉为一位深受宠爱的皇后所建的陵墓，修建时集中了全印度的优

图3－33 胡马雍墓

图3－34 泰姬·玛哈尔陵

秀设计师和工匠，还聘请了许多外国的能工巧匠，一共花费了18年的时间，每天工地上的工人达到两万人，几乎耗尽了整个王朝的国库，因此达到了当时最高的艺术成就。

整个建筑群占地很广阔。院子中有一大片草地和一个“十”字形的水渠，陵墓主体位于北端，坐落在96米见方的大台基上，四面完全对称。中央是一个抹角正方形的陵体，正中开有火焰形的拱券门，两侧则开有双层的小尺度拱券门。陵体上面托着一个直径18米的大穹顶，大穹顶的四周还有四个小穹顶。台基的四角是四座40米高的圆形的塔，这种塔的造型源自伊斯兰清真寺，与印度传统的佛塔或婆罗门塔完全不同。

泰姬·玛哈尔陵具有令人震撼的艺术魅力。整座建筑采用白色半透明的大理石砌筑，在蓝天的映衬下表现出洁白晶莹的色泽，再加上水光的倒映，更显得圣洁庄严（见图3-34）。到了傍晚，建筑又泛出与天空一样的黄色来，极富诗意。建筑本身采用明确的几何造型，突出陵体的厚重、穹顶曲线的柔和和四周圆塔的细高挺拔，彼此之间形成了强烈的对比。各个部分的尺度都经过精心的设计，具有优雅的韵律感。同时建筑的虚实关系也得到着重的表现，小穹顶的下面带有八角形的小亭子，大小拱券门里面是较深的凹廊，形成丰富的光影变幻，更增添了一种闪烁飘忽的美感。

泰姬·玛哈尔陵充满了阿拉伯图案的雕饰，多用彩色的大理石镶嵌而成，有些局部甚至采用宝石。拱券周围刻有长长的《古兰经》铭文，渲染出一种宗教的气氛。陵体中央的墓室是一个八角形的大厅，装饰的华丽绝伦，窗户和屏风采用玲珑剔透的薄大理石板，镶嵌着珍珠宝石，光彩夺目，反映了古代印度工匠巧夺天工的高超技艺。

第四节　通透轻盈——日本古代建筑

一、日本建筑发展的历史概况

日本古代建筑是指日本在明治维新以前的建筑。日本的古代建筑历史大致可分为三个阶段：早期6世纪中叶到12世纪，即飞鸟、奈良、平安时代的建筑；中期12世纪末到16世纪中叶，即镰仓、室町时代的建筑；近期16世纪中叶到19世纪中叶，即桃山、江户时代的建筑。

6世纪中叶，佛教自中国经朝鲜百济传入日本，同时带入了中国南北朝与隋唐的建筑技术与风格。从此，佛寺成为日本的主要建筑活动，其影响遍及宫殿与神社。在飞鸟时代（671年～8世纪初），佛寺的布局与形式呈多样化。至奈良时代（710～784）逐渐形成统一的风格，即既有中国唐代建筑的明显特征，又在向日本化过渡。到平安时代（791～1191），这个过渡基本完成，在佛寺中形成了具有日本特色的“和样建筑”，在贵族府邸中形成了用廊子连接的一正两厢、前面往往有个水池的布局形制的住宅，称为“寝殿造”。

12世纪后，地方势力兴起。在镰仓幕府时代（1192～1333）和室町幕府时代（1338～1573）中，宫殿、神社、佛寺、府邸等建筑形态逐渐推向全国。在奈良的仿中国宋式做法被称之为“唐样建筑”（又称“禅宗式”建筑）的风格，与“和样建筑”一同传播到各地。此时日本建筑一面继续受到中国影响，同时又有自己的创造。如奈良时期的粗大构件缩小了，柱子越来越细，枋子成为不可缺少的构件。佛堂内广泛使用天花板、门板演变为隔窗等。在住宅府邸中又出现了“主殿造”，即简化了的“寝殿造”；还出现了适宜于武士与僧人生活需要的“书院造”，即在居室旁另设披屋作为书房。

从12世纪到19世纪，幕府首领都拥有自己的私人军队，他们掌握着最主要的权力。幕府的权力和火药的使用，对建筑艺术产生了巨大的影响，在日本出现了令人惊异的守备城楼，取代了作防御用的中国式城墙系统。城楼常常建在花岗岩台基上，并有城壕围绕以防火攻，因为火攻是木质结构的主要威胁。

佛寺自16世纪后已不再是主要的建筑形式，府邸、城楼成为重要类型。1630年，德川幕府时代的德川家康曾驱逐所有的外国人，封闭边境，对贸易者实行重罚，导致了16世纪初随荷兰、西班牙以及葡萄牙的探险者传入日本的基督教受到了沉重的打击。这段时间日本也进入“流动”世界时期，进入中产阶级富裕起来和艺术上的黄金时代，日本已准备重新与外界联系。过去在战争中兴建的城堡到江户时代（1603~1867）已演变为地方的政治与经济中心。城郭上筑有象征城市统治者威严与用于防卫的城楼。城市住宅府邸大量兴建，其规模与风格按业主的身份等级而异。此外，由中国传入的饮茶、品茶成为贵族、武士等生活中一项重要内容。茶室往往采用民居的泥墙草顶、落地窗，并在周围布置步石、树木、桌凳、灯笼等，称为“草庵风茶室”。另外，在住宅中又出现了混合有“书院造”与“草庵风茶室”格调的“数寄屋”。“数寄屋”的传统至今仍强烈地反映在日本的住宅建筑中。

19世纪以后，明治天皇的维新（1868~1912）使日本建筑转而接受西方影响。

二、日本古建筑的类型

日本古建筑的类型也很丰富，主要有神社、佛寺、府邸住宅和天守阁等。

（一）神社

神社是日本祀奉自然神、氏族祖先和英烈人物的建筑物，始于原始时期。神社历来实行“造替”制度，即每隔一定时期（如20年、60年）重建一次。所以，现存神社屋宇有些虽仍保留早期住宅遗风，但都是后世重 建的。

早期神社的平面和外观都比较简单，用木板墙，下部架空，双坡木架草顶，屋面无举折，不施彩色和雕饰。有两种基本式样：一种称为“大社造”，以岛根县出云大社为代表，现存社屋是1744年建造的，平面呈方形，悬山式屋顶，三面开门，室内有一根中心柱。另一种称为“神明造”，以伊势神宫为代表，其特点是社屋三开间，正面明间开门，屋顶也是悬山式。

平安时代以后，神社建筑式样增多，出现了单间方形平面，两坡顶山面加一个披檐的“春日造”；将“神明造”前檐披出成前廊的“流造”；在主殿前接建一殿，两者屋顶联成勾连搭的“八幡造”；在三开间社屋的左、右、前三面各加披檐的“日吉造”等。此后，神社的式样和数量都不断增加，到大正年间（1912~1926），日本全国有大小神社约12万所。

日本最神圣的神社是伊势神宫，位于三重市。它分为内外两宫。内宫称为“皇大神宫”，祭祀天照大神，建于公元纪元前不久（见图3-35至图3-37）。天照大神是皇室的祖神，是日本民族的最高之神，是八百万诸神的象征。外宫大约晚于内宫500年，称为“丰受大神宫”，丰受大神专司保护天照大神的食物。内、外宫形式大体相同，7世纪的天武天皇确立制度，每隔20年依原式重建一次，所以现在的建筑并非早期原物。

内、外宫相距不远，都是以“正宫”为中心的小建筑群，地段为长方形，外面围一圈栅栏。内宫有宇治桥、祓禊之水（手水舍）、斋馆、行在所、内宫神乐殿、忌火屋殿、正宫等主要建筑；外宫有斋馆、行在所、外宫神乐殿、正宫（丰受大神宫）等建筑。正宫面阔三间，进深二间，式样为“神明造”。下面有高高的木架形成平台，叫“高床”，周围设高栏。除中央间的门户外，墙壁全用厚木板水平叠成，两坡顶覆茅草，厚约30厘米，松软而富弹性。屋脊是一块通长的木料，架在山墙外侧正中的柱子上。屋脊上钉“甲板”，在两面山墙挑出很多。脊上有10根前后水平出挑的“坚鱼木”，博风板在脊下交叉而向上高高斜出成“千木”。每块博风上端各平出细木条四根，叫“鞭挂”。甲板、坚鱼木、千木和鞭挂，都是从结构构件演化而来的，加以夸张，变成很有艺术表现力的装饰性构件。

它们和高床、高栏一起，使本宫充满了虚实、光影和形体的对比，显得极其空灵轻巧。它们朝不同的方向伸出，小小的本宫呈现出一种外向放射的性格。

神宫的细节处理非常精致。坚鱼木呈梭形、柱身顶端卷杀，鞭挂截面原是方的，却在前端渐变为圆的。它们使简洁方正的神宫柔和丰润起来，更有生气，更有人性。坚鱼木两端、千木上、门扉上甚至地板上，恰当地装饰了一些镂花

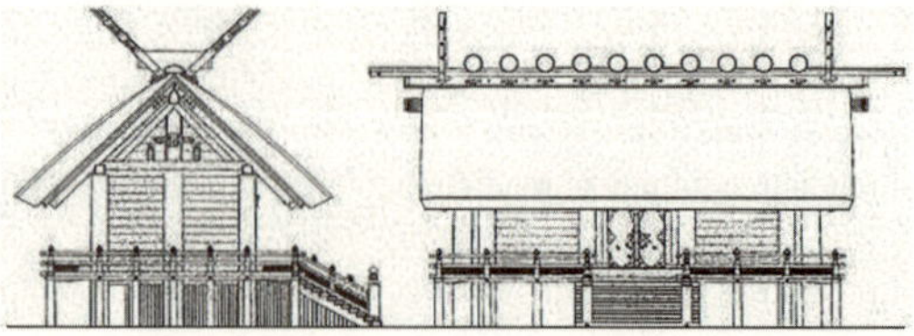

图3-35　伊势神宫外宫的正殿（丰受大神宫）的侧面图和正立面图

的金叶子，给温雅的素色白木和茅草点染上高贵的光泽。黄金和素木茅草相辉映，既朴实又华丽，足见审美力的敏锐和思想的通脱。场地上浮铺一层松散的卵石，它们把建筑物衬托得更精美。

（二）佛寺建筑

佛寺建筑是日本古代建筑的主要类型之一。624年,日本全国有佛寺46所。奈良时代（710~784）佛教兴盛，全国佛寺增加到几百所。著名的是奈良前期重建的法隆寺西院（见图3-38、图3-39），其主要建筑物塔、佛殿、中门、回廊是日本现存最古的建筑物，建筑式样仍保持飞鸟时期的特色。奈良中期迁都平城京后，大力吸收唐代中国文化，在各诸侯国建立国分寺，在平城京建造总国分寺——东大寺。东大寺的大殿面阔11间，高约40米，殿内佛像高20米左右，是当时日本最宏伟的建筑物，大殿前有东西二塔，后有讲堂，现在寺内仅

图3－36　伊势神宫外宫——丰受大神宫

图3－37　伊势神宫内宫神乐殿

图3－38　日本法隆寺西院

图3－39　法隆寺西院的五重塔

图3－40　招提寺金堂

图3－41　平等院凤凰堂

铜佛是当时旧物。奈良后期的代表性建筑物唐招提寺（Toshodai Temple，759）金堂（见图3-40），是中国鉴真和尚东渡后率弟子建造的，由此反映了中国唐代建筑的风格。

平安时代（794～1192）贵族们向往西方净土极乐世界，促使华丽的阿弥陀堂发展起来，突出的遗例有宇治的平等院凤凰堂（1053）（见图3-41）、京都府净琉璃寺的阿弥陀堂等。其中凤凰堂汇集了绘画、雕刻、工艺、建筑等各方面的精品。

镰仓时代（1192～1333）新兴的武士势力取代贵族集团执政，中国宋代传入的禅宗获得武士们的赞赏和信仰，禅寺由此兴起，实例有镰仓圆觉寺舍利殿等。此类寺庙往往仿照中国宋代建筑，称为“唐样”；因袭平安时代旧样的建筑，称为“和样”；另一些受中国东南沿海一带建筑式样影响的佛寺，则称为“大佛样”或“天竺样”，典型实例有奈良东大寺南大门和兵库县净土寺净土堂。

室町幕府时代（1338～1573），禅宗继续有所发展，在京都和镰仓都仿照南宋时中国禅宗的五山十刹之制，设立五山寺院。

（三）府邸住宅建筑

日本早期住宅多采用木架草顶，下部架空如干阑式建筑。佛教传入后，住宅也有明显变化。圣武天皇在位时（724～748）朝廷鼓励臣下建造“涂为赤白”（柱梁涂朱，墙壁刷白）的邸宅。奈良时代留下的唯一住宅实例是已被改造成法隆寺东院传法堂的一座五开间木架建筑，原是圣武天皇皇后之母橘夫人的邸宅。平安时代贵族住宅采用“寝殿造”式样，主人寝殿居中，左、右、后三面是眷属所住的“对屋”，寝殿和对屋之间有走廊相连，寝殿南面有园池，池旁设亭榭，用走廊和对屋相连，供观赏游憩之用。镰仓时代的武士住宅，出于防御上的考虑，平面形式和内部分隔都很复杂，布局和外观富有变化。僧侣们则因读经需要而在居室旁设置小间作为书房，这是“书院造”式住宅的萌芽。到了室町（1338~1573）和桃山（1573~1600）时期，书院造式住宅兴盛起来。这种住宅平面开敞、简朴，分隔灵活，室内设有“书院”（读书用的小空间）、“床之间”（挂字画和插花、插香等清供之处，形如壁龛）、“违棚”（放置文具图书的架子）等陈设和室内处理，富有特色。由于商业繁荣，各地领主所在地，以城堡为中心的“城下町”（集镇）兴起，世俗建筑如市房、商家都有所发展；而茶道在武士和文人中的流行，又促进了茶室建筑的发展，以具有农家风味的草庵式茶室最富有特色，以不涂漆不装饰为特征，这种风格的建筑物称为“数寄屋”（意为风雅之屋），其代表有桂离宫新书院（见图3-42）、修学院离宫、曼珠院书院等。

（四）天守阁

随着16世纪西洋文化的输入，日本建筑发生了新的变化，除了和风住宅外，重要的还有城楼，叫“天守阁”。天守阁是护城的祭祀高坛，也是作城郭防卫用的高大城楼，而且还作为政治上炫耀和威慑的手段。16世纪末和17世纪初，是天守阁建设的高潮时期。这些天守阁已经不像封建内战时期那样兼作番主的府邸，而是纯粹的军事堡垒了。江户初期（1615）发布禁令，限制筑城，后此风渐绝。

天守阁里通常有武器库、水井、厨房和粮仓，还有投石洞、射箭孔和铁炮孔等作战设施。天守阁仍然是木结构，木材粗壮。随着火器在战争中的使用，有些天守阁加上了砖石的外围护墙，下部用大块蛮石砌筑，上部抹白灰。

位于兵库的姬路城天守阁是最著名的天守阁之一，建于1581~1609年（见图3-43）。姬路城天守阁，在色彩上，以细腻明亮的白灰和粗犷的蛮石形成强烈对比，产生了极强的视觉效果。为了扩大防卫者的视野，便于射击。姬路城的天守阁在墙上设了几个凸碉，像歇山式的山花，被称为“唐破风”。

图3－42　日本的"数寄屋"——桂离宫新书院

图3－43　姬路城的天守阁

三、日本建筑的特点

（一）木构架，通透轻盈

使用木构架，通透轻盈，是日本建筑的基本特点。这种特点的形成原因主要有两方面：一方面由于日本大部分地区气候温和，雨量充沛，盛产木材；另一方面可能是受到了中国南方和南洋各地木构建筑的影响，所以木架草顶就成为日本传统建筑的主要形式。

（二）属于中国木构架建筑体系

日本的木构架采用了中国式的梁柱结构，甚至也有斗拱。它们平行排架，因此空间布局便也以"间"为基本单元，几个间并肩联排，构成横向的长方形。它们具备了中国建筑的一切特点，包括曲面屋顶，飞檐翼角和各种细节，如鸱吻、隔扇等。因此，大致可以说日本古代建筑隶属于中国建筑体系。

（三）民族特色突出

日本建筑虽然受到了中国古代建筑的强烈影响，但仍然具有鲜明的民族特色，很有创造性，尤其是它们的美学特征。除早期的神社外，日本古代的都城格局、大型的庙宇和宫殿等，比较恪守中国型制，而住宅到后来则几乎完全摆脱了中国影响而自成一格，结构方法、空间布局、装饰、艺术风格等都与中国住宅大异其趣。茶室、数寄屋之类，可以说完全是日本建筑的独创了。它们的美学特征是非常平易亲切，富有人情味。尺度小，设计得细致而朴素，精巧而素雅。日本建筑也擅长于呈现材料、构造和功能性因素的天然性质，草、木、竹、石，甚至麻布、纸张，都被利用得恰到好处。

（四）矫饰夸张

不过在有些时期的某些方面，日本建筑却是很夸张的。例如伸展得很远的飘檐，硕大的斗拱，过于华丽的装饰、园林中的枯山水等，甚至对自然形态的木石的爱好，也会偏执得落于矫揉造作。

第四章
中国近现代建筑

第一节　中国近现代建筑发展概况

一、19世纪中叶——20世纪中叶中国建筑发展概况

中国近现代建筑泛指中国19世纪中叶以来的建筑。在近代，中国发生了前所未有的变革，爆发了史无前例的“新文化运动”，出现了“古为今用”、“洋为中用”的学术思想。同时一些知识分子从西方学成归来，带来了西方的技术和思想。在建筑方面，也呈现出新旧、中西复杂交织的特殊面貌。

一方面，传统的建筑类型都停止了建造，如宫殿、坛庙、帝王陵墓、古典园林和庙宇等，说明中国古典建筑体系已经逐渐走向衰落，而这种衰落的迹象预示着中国建筑转向的来临。另一方面，大批前所未有的建筑类型出现了，这些新型建筑不仅在功用方面得到了前所未有的发展，而且采用了新的建筑材料、结构方式、施工技术和建筑设备等。这些建筑包括车站、银行、医院、学校、新式住宅等，反映了新的时代审美特征，是对中国传统建筑的有益探索。

（一）“租界”里的“洋房”建筑

1840年以后，鸦片战争的失败致使中外贸易不断扩大，一些西方国家在中国的广州、上海、天津、武汉和北京等城市设租界，营建了大量的西式建筑，表现出不同国家的建筑风格。如青岛的总督官邸属于德国建筑风格（见

图4-1）；哈尔滨、旅顺出现了俄国风格的建筑（见图4-2）；北京王府井大街南口有法国式宾馆等。

图4－1　青岛德国总督官邸 / 1905年

20世纪以后，随着西方近代和现代建筑的发展，一些西方的设计师在中国各大城市的租界设计了一些面貌和西方同时期建筑一样的“洋房”。其发展大致可以分为三个时期：

图4－2　哈尔滨圣·索菲亚大教堂 / 1907年

第一阶段是20世纪20年代以前，这些“洋房”建筑，既有古典主义的建筑，又有模仿西方文艺复兴时期的建筑，有的建筑还把西方各种古代建筑的形式拼凑于一身，如北京留美预备学校清华学堂（见图4-3）、上海外滩英商汇丰银行等。

图4－3　清华学堂 / 1916年

第二阶段是20世纪二三十年代，中国建筑开始向“摩登”方向转化，如上海24层的国际饭店（见图4-4），由匈牙利籍著名装饰艺术运动建筑师邬达克设计，完全属于现代建筑，大楼的建筑风格完全是当时美国装饰艺术运动摩天楼风格。

第三阶段是20世纪30年代末以后，即抗日战争到新中国建立前，这个时期，由于日本侵华战争的破坏，中国的建筑不仅停止不前，而且很多古建筑还遭到了毁灭性的破坏。

（二）中国建筑师的探索

在西方建筑设计师在“租界”兴建“洋房”的同时，中国的一些建筑师也开始尝试运用传统建筑的语汇，以西方建筑的结构与构图原则，创造一些新的建筑形式，其形式的处理大致有三种方式：

第一，基本照抄古代形式，在建筑材料上采用钢筋混凝土浇筑。有采用中国传统形式的，如燕京大学的未名湖博雅塔（见图4-5）和南京灵谷寺塔（见图4-6），形式分别模仿辽塔和宋塔，采用钢筋混凝土建造；中山陵园藏经楼采用了北京清代汉式藏传佛寺庙形式。有采用西方古代建筑形式的，如清华大学，就完全采用了西式建筑的形式和风格。也有中西合璧的建筑形式，如吕彦直设计的建于1926年的南京中山陵，采用了这种设计原则，达到了相当完美的艺术效果。

图4－4　上海国际饭店 / 1934年

第二，在功能要求比较复杂的大型楼房中，采用了西方现代建筑的平面设计方法，外貌披上了中国传统建筑的外壳。如利用“庚子赔款”建造的北京图书馆、北京协和医院（见图4-7）和燕京大学校园建筑等，都是在西式建筑的结构和空间上，覆以中国传统屋顶的建筑 形式。

第三，简化建筑形式，与西方现代建筑相当接近，只是在局部运用了一些传统建筑的装饰图案。如南京原外交部大楼、北京交通银行、南京原国民大会堂等（见图4-8）。

（三）近代建筑教育的起步

在20世纪20年代，中国建筑教育也开始起步发展。1923年从日本留学归国的建筑师柳士英、刘敦桢等在苏州工业专门学校筹建建筑科，课程主要有建筑意匠（建筑设计）、建筑结构、中西营造法、测量、建筑力学、中外建筑史和美术等。1927年，苏州工业专门学校建筑科并入南京的第四中山大学，成立建筑系，学制四年。1928年，梁思成、林徽因在东北大学工学院建立建筑系。北平大学的艺术学院于1928年设立建筑系。在早期的中国建筑教育中，梁思成、刘敦桢等做了大量工作，把几千年来一直为士大夫所不齿的建筑事业纳入了学术领域，为中国建筑的教育、历史和理论研究奠定了基础。

图4－5　燕京大学未名湖博雅塔 / 1924年

图4－6　灵谷寺塔 / 1929年

图4－7　北京协和医院

图4－8　南京原国民大会堂 / 1936年

二、1949年以来中国建筑的发展概况

中华人民共和国建立后，中国建筑进入新的历史时期。大规模、有计划的国民经济建设，推动了建筑业的蓬勃发展。中国现代建筑在数量上、规模上、类型上、地区分布和现代化水平上都突破近代时期的局限，展现出崭新的姿

图4－9　重庆人民大礼堂 / 1954年

图4－10　长春地质宫 / 1954年

态。这一时期的中国建筑经历了四个阶段：

第一阶段是新中国成立后到20世纪50年代中期，是复古主义风格时期，建筑多以局部应用大屋顶为主要特征。这种复古主义把强调民族风格当作社会主义、现实主义的创作原则，把“民族的形式，社会主义的内容”提到建筑创作方向的高度来贯彻，从而掀起了创造民族形式的高潮。比较有影响性的作品有中央民族学院、重庆人民大礼堂（见图4-9）、长春地质宫（见图4-10）、北京三里河办公大楼等，都采用了庞大如宫殿的大屋顶，覆盖彩色琉璃瓦，所有钢筋混凝土浇筑的斗拱、梁、柱都模仿木构构件，并进行彩画，门窗也采用木门窗的式样。

第二阶段是20世纪50年代中期到60年代初，进入以“国庆工程十大建筑”为代表的社会主义建筑新风格时期。“十大建筑”主要是为迎接国庆10周年，北京建造的人民大会堂、革命博物馆、历史博物馆、民族文化宫、中国美术馆（见图4-11）、火车站、农业展览馆等建筑，是对中国现代建筑风格的新探寻。

第三阶段是20世纪60年代到70年代末，中国建筑进入集现代设计方法和民族意蕴于一体的广州风格时期。所谓的广州风格，是指广州的设计师在现代建筑中有机融合了传统的园林、庭园建筑，创造出了富有现代气息、又有浓郁民族意蕴的建筑意境，它突破了长期以来通过中西古典构图体量和传统装饰元件来塑造民族形式的造型特征的局限，开始了以现代设计方法创造具有民族意蕴的建筑空间环境的尝试。典型的建筑如广州宾馆（见图4-12）、矿泉别墅、友谊剧院等，都以自然的、切合功能实际的平面安排，灵活通透的空间构成，明朗清新的格调，体现了现代建筑的时代精神。

图4－11 中国美术馆 / 1959年

图4－12 广州宾馆 / 1968年

第四阶段是20世纪80年代以来，改革开放政策的实行，中国现代建筑逐步趋向开放、兼容，向多元化方向发展。如北京的香山饭店、上海金茂大厦、北京的鸟巢等建筑，分别呈现了不同的形态和建筑格调。

第二节 中国近现代建筑赏析

中国近现代建筑艺术是伴随着封建社会的解体，西方建筑的输入而形成的，它的发展与每一阶段的社会体制、生产、生活方式和审美趣味有着直接的联系，呈现出了阶段性的变化特征，这些特征主要体现在一些典型建筑作品上。

一、汇丰大楼

汇丰大楼原是英商汇丰银行的办公大楼，位于上海外滩12号，曾被当时的英国人称之为“从苏伊士运河到远东白令海峡最讲究的建筑”，也是上海外滩建筑中比较突出的作品（见图4－13）。

外滩汇丰银行大楼是一幢仿古典主义风格的建筑，1921年5月大楼开工，1923年6月建成。平面接近正方形，占地面积9 338平方米，建筑面积23 415平方米。占地面积和建筑面积均居当时外滩建筑的首位。建筑主体5层，中部7

图4－13 汇丰大楼 / 1923年

图4－14 汇丰大楼穹顶壁画

层，地下1层，1楼四面有夹层。大楼以正大门与正大门上面的穹顶为中轴线，两侧形成严格对称。主立面成横5段、竖3段的格式。6扇花饰细腻的铜质大门，为罗马石拱券样式。券门左右置高低圆柱灯各一个，铜狮一对。大石块作外墙贴面，宽缝砌置。2～4层中段中部贯以6根爱奥尼亚立柱，其中2排为双柱，贴墙石块则为细缝砌置。5层上面的圆形穹顶是铜框架结构，成为该幢大楼的标志。

正门处装有3扇铜铸转门，两侧是玻璃门。进入大门，是八角形门厅，上面是穹顶。从地坪到顶部，约20米高，分上下两层，下层有8根大理石柱，每面有较大的券门，上层壁面及穹顶均嵌有气势宏大的精美玻璃马赛克壁画（见图4－14）。由八角厅入内便是当年1500平方米的营业大厅，有两排用大理石圆柱作支撑。大厅中央是柚木地板，四周皆是大理石地坪，柜台内外的分界线及四壁也以大理石砌成。大厅的墙沿及暗角有暖气设备与冷排风系统。大厅的屋顶为巨大的玻璃天棚，天棚用小块玻璃镶拼，十分牢固。

二、海关大楼

上海海关大楼（见图4－15）位于上海市中山东一路13号，是上海的标志性建筑之一。早期的外滩海关大楼由公和洋行设计，是一座典型的中国传统衙门式的木构建筑，建于1857年，由三进楼房组成，牌楼式大门，中间是天井厅堂，两边是厢房。1891年拆除旧屋，由英国建筑师设计、浦东川沙匠人杨斯盛

图4－15 上海海关大楼

图4－16 沙逊大厦

主持建造，于1893年底建成一座3层砖木结构的英国哥特式楼房。后于1927年底又重建，风格保持了原貌。

大楼的主建筑面临黄浦江，高8层，再加上面3层楼高的钟楼，共11层。外观设计为希腊新古典风格，框架式钢筋结构，东面底部基座采用大量花岗石砌筑。正门入口处有4根典型的希腊多立克柱式，形成门廊。进入大门是海关大厅，入口大厅藻井以彩色马赛克相拼的帆影海事图案为饰，十分精美。

上海海关大楼最著名的是它高耸的钟楼和大钟。钟楼分机芯房、铜钟座、旗杆台3层。机芯房是大钟的心脏部分，成百上千个齿轮互相咬合，直径超过12毫米的钢丝绳代替了普通钟表中精细的钢丝。钢丝绳下面连着3个巨大的钟摆，一个敲正点，一个负责走时，另一个负责报刻，最大的一个钟摆重达1吨多。四周四个钟面，每个钟面的直径为5.4米，紫铜时针长2.3米，重37.5公斤，分针长3.17米，重49公斤。钟的发条用0.01米粗的钢丝组绞，长156米。每周开钟上发条3次，每次要4人操作1小时左右才能完成。

三、沙逊大厦

沙逊大厦旧名华懋饭店，一直是上海外滩的主要标志性建筑之一（见图4-16）。沙逊大厦由英籍犹太人维克多·沙逊出资，公和洋行设计，新仁记营造厂承建。大厦雄伟壮丽，属芝加哥学派哥特式建筑，钢筋混凝土框架结构，

图4－17　中山陵全景图

图4－18　中山陵碑亭

外观以垂直线条处理，简洁明朗。主建筑高13层，占地面积4 617平方米。1926年开工，1929年竣工。外墙均以花岗石贴面，第九层和顶部砌以泰山面砖，东立面屋顶为四方金字塔形，用紫铜皮饰面，高约10米。内装饰精致豪华，5～7层为华懋饭店。5层的客房以德国、印度、西班牙和日本式风格布置，6层为法、意、美式，7层为中、英式。金字塔式的顶内还设有大餐厅。整个建筑古朴华丽，享有“远东第一楼”的美誉。

四、中山陵

中山陵是中国近代伟大的革命先行者孙中山先生的陵墓，坐落于南京紫金山南坡，由中国近代著名建筑师吕彦直（1894～1929）设计，建筑面积6 684平方米，1926～1929年建造（见图4-17）。

中山陵坐北朝南，傍山而筑，由南往北沿中轴线逐渐升高，依次为广场、石坊、墓道、陵门、碑亭（见图4-18）、祭堂、墓室。整个墓区平面形如大钟，钟的顶为山下半月形广场，广场南端的鼎台（现改为中山先生的立像）为大钟的钟钮，钟锤就是半球形的墓室。“鼎”在古代是权力的象征，因此整个大钟含有“唤起民众，以建民国”之意。

广场南端是孙中山的立像。墓道南端的三门石牌坊上刻中山先生手书“博爱”二字，点出了孙中山先生博大的胸怀和崇高的理想。石坊后是长达375米、宽40米的墓道。前行为陵门，它以青色的琉璃瓦为顶，门额上为孙中山的手迹“天下为公”四个大字。用青色的琉璃瓦有其一定的含义，青色象征苍天，青

图4－19　中山陵祭堂

图4－20　孙中山纪念馆——藏经楼

色琉璃瓦含有天下为公之意。再进为碑亭，碑亭平面近似方形，阔约12米，高约17米，一块高约9米的碑石上刻着“中华民国十八年六月一日中国国民党葬总理孙先生于此”的鎏金大字。

从牌坊开始上达祭堂，共有石阶392级，8个平台。台阶用花岗石砌成。最高的平台有两座华表，后为祭堂。祭堂是仿宫殿式的建筑，外壁用花岗石建造，堂顶是中国传统的重檐歇山式，上盖蓝色琉璃瓦（见图4－19）。祭堂建有三道拱门，门额上分别刻有“民族”、“民权”、“民生”横额。祭堂的门楣上刻有孙中山手书“天地正气”四字。堂中有中山先生大理石坐像，高4.6米，逼真生动，是世界名雕刻家保罗·朗特斯基于1930年在法国巴黎雕刻的。像座四周有反映中山先生革命事迹的浮雕。祭堂四壁的黑色大理石墙上刻有孙中山、胡汉民等人亲笔书写的文字，昭示了孙中山先生为推翻两千多年封建帝制所建立的不朽业绩和艰苦斗争的历程，以及他为中华独立、富强、大展宏图的建国思想。

祭堂后有两重墓门，两扇前门用铜制成，门框则以黑色大理石砌成。上有中山先生手书“浩气长存”横额。第二重门为独扇铜制，门上镌有“孙中山先生之墓”石刻。进门为圆形墓室，直径18米，高11米。墓室底部中央为直径4米、深5米圆形大理石墓穴，里面安放中山先生的汉白玉灵柩和卧像，此像系前捷克斯洛伐克雕刻家高崎按遗体形象雕刻的，十分逼真。

中山陵的建筑风格中西合璧，钟山的雄伟形势与各个牌坊、陵门、碑亭、祭堂、墓室，通过大片绿地和宽广的通天台阶，连成一体，显得庄严雄伟，既有深刻的含义，又有宏伟的气势，被誉为“中国近代建筑史上的第一陵”。

五、中山陵藏经楼

环绕中山陵的主体建筑还有一系列纪念性建筑，藏经楼就是专为收藏孙中山先生的物品而建的纪念性建筑之一（见图4-20）。其位于中山陵墓之东、灵谷寺之西的山谷之间，是一座仿清代喇嘛庙的古典建筑。

藏经楼是中国佛教协会于1934年11月发起募建的，由著名设计师卢树森设计，1935年3月动工，次年10月竣工。

藏经楼包括主楼、僧房和碑廊三部分。主楼是一座重檐歇山顶宫殿式建筑，外观又像一座寺院楼，高20.8米，长32.8米，宽21.2米，钢筋混凝土结构，绿色琉璃瓦顶，屋脊和屋檐覆黄色琉璃瓦，正脊中央竖有紫铜鎏金法轮华盖，梁、柱、额、枋均饰以彩绘，整座建筑内外雕梁画栋，金碧辉煌，气势雄伟。主楼外观分为三层，底层为讲经堂，并有夹楼听座；二楼为藏经、阅经及研究室；三楼为藏经室。总面积1600平方米。一楼中部大厅上高悬一座火炬形大吊灯，厅顶部饰有鎏金的八角形莲花藻井，显得豪华宏丽。

主楼后面有5间僧房，僧房后建有东西回廊式建筑，壁面镶砌石碑，形成东、西各长125米的碑廊，左右对称，环绕主楼与僧房。东西碑廊各25间，廊壁镶嵌的是爱国将领冯玉祥捐献的138块河南嵩山青石碑，碑高1.9米，宽0.9米，碑文为孙中山先生“三民主义”全文，计15.5万余字，都出于国民党元老名家手笔。1937年，日本侵略者侵占南京后，将主楼、僧房及碑廊付之一炬，主楼系用钢筋水泥构造，幸免于难，而碑廊因用砖瓦木结构，当时化为灰烬，仅剩碑廊基础及碑刻。后来，战火中幸存的9间碑廊被拆，138块碑刻无一幸免。

六、伪满洲国皇宫

伪满洲国皇宫位于长春市东北角光复路3号，占地13万多平方米，是清朝末代皇帝爱新觉罗·溥仪在日本帝国主义扶植下，1932～1945年充当伪满洲国傀儡皇帝时的宫殿，也是溥仪日常生活及政治活动的场所，由一组中国古典式、欧式、日本式建筑及其附属设施组合而成，今天人们习惯叫它“伪皇宫”（见图4-21）。

伪皇宫正门叫“莱薰门”，西侧大门叫“保康门”。皇宫分内廷和外廷两部分。内廷是溥仪及其家属日常生活和居住区域。内廷有东西两院，西院主要建筑有“缉熙楼”，东院有“同德殿”等。外廷是溥仪处理政务的场所，主要建筑有勤民楼、怀远楼、嘉乐殿。这三座小楼风格独特，均为黄色琉璃瓦覆顶的两层小楼，是中西式相结合的格局。

其中，勤民楼是一栋带有明显西洋风格的两层、方形建筑，其名称是由清室祖训“敬天法祖，勤政爱民”而来（见图4-22）。沦陷时期，一直将这栋建筑当作皇权的象征，它的照片也被印在了伪满洲国的纸币上。1932年9月15日，就是在这栋“勤政爱民”的勤民楼里签订了经溥仪认可的“日满议定书”，将伪满洲国的国防、治安全部委托给日本人，并由日本人管理伪满洲国的铁路、港湾、水路、空路。日本军队所需的各种物资、设备由伪满政府负责供应，致使东北主权被拱手相让。

图4－21　伪满洲国皇宫博物院

图4－22　伪满洲国皇宫勤民楼

此外，伪满洲国皇宫还有花园、假山、养鱼池、游泳池、防空洞、网球场、高尔夫球场、跑马场以及书画库等其他附属场所。

纵观伪满皇宫主体建筑风格各异，既有中国传统的四合院砖木结构建筑，又有欧洲哥特式楼房，还有东洋式殿阁建筑，充分显示出伪满洲国的殖民地色彩和伪满皇帝的傀儡性。

图4－23　北京人民大会堂

七、北京人民大会堂

图4－24　人民大会堂正门

人民大会堂位于北京天安门广场西侧，是全国人民代表大会开会的地方，也是国家领导人和人民群众举行政治、外交活动的场所，也是中国重要的标志性建筑之一（见图4-23）。

人民大会堂由北京市建筑设计院设计，建于1958年10月至1959年8月，建筑平面呈“山”字形，两翼略低，中部稍高，四面开门。外表为浅黄色花岗岩，上有黄绿相间的琉璃瓦屋檐，下有5米高的花岗岩基座，周围环列有134根圆形廊柱。正门柱直径两米，高25米。四面门前有5米高的花岗岩台阶。总建筑面积为17万多平方米，仅用了10个多月的时间，这是我国建筑史上的一个创举。

人民大会堂正门面对天安门广场，正门顶上镶嵌着国徽，迎面有12根25米高的浅灰色大理石门柱，进门便是典雅朴素的中央大厅（见图4-24）。厅后是万人大礼堂、宴会厅、全国人大常委会办公楼、会议厅等。大会堂的建筑主要由三部分组成：中部为可容纳万人开会的大礼堂，北部为可设5 000座席的宴会厅，南部为全国人大常委会办公楼。

万人大礼堂是大会堂的主体建筑，平面呈扇形，宽76米，长60米，高33米；主席台台面宽32米，高18米；共分3层，设有近万个软席座位。主席台两侧设有会议信息大屏幕显示系统。礼堂一层每个席位前都装有会议代表电子服务器，可进行12种语言的同声传译和议案表决即时统计。二、三层的每个座位中则装有小喇叭，可清晰听到主席台的声音。礼堂顶棚呈穹隆形与墙壁圆曲相接，体现出“水天一色”的设计思想（见图4-25）。顶部中央是红宝石般的巨大五角星灯，周围有点缀有鎏金的70道光芒线和40个葵花瓣，三环水波式暗灯槽，一环大于一环，象征中国革命从胜利走向更大的胜利（见图4-26）。整个顶棚纵横密布500盏满天星灯，灯火齐明，交相辉映。

图4－25　人民大会堂会场

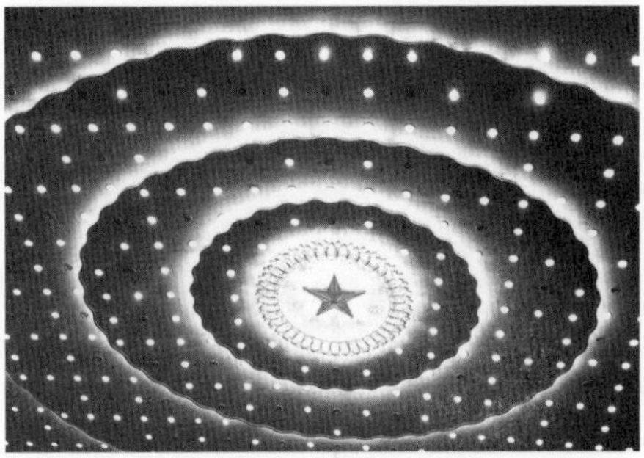

图4－26　人民大会堂顶饰

宴会大厅位于二楼的北端，是党和国家领导人举行盛大国宴和招待会的地方，面积7 000多平方米。面积巨大的宴会厅顶棚呈平面型，且无立柱支撑，这一精巧的科学建筑杰作，无不令中外人士叫绝。顶棚中心饰有绚丽的水晶玻璃灯及玻璃钢压花图案与彩色藻井，民族风格浓郁。宴会厅四周共有28根直径为一米的沥粉贴金廊柱，墙面为浅黄色。整个宴会厅气魄宏大、宽广明快、富丽堂皇。

此外，大会堂中还有各种会议厅、休息厅、办公室等300多个。其中有33个会议厅是以全国各省、自治区、直辖市和香港、澳门特别行政区命名的，布置多姿多彩，各具地域特色。

整座建筑屋檐全用黄绿色琉璃制品镶嵌，体现出了庄严雄伟、壮丽典雅的建筑风格，富有强烈的民族特色和现代化建筑的非凡气派。

八、香山饭店

北京香山饭店位于西山风景区的香山公园内，建于1982年，是由国际著名建筑设计大师贝聿铭先生设计的 酒店。

香山饭店是结合地形采用在水平方向延伸的、院落式的建筑，将体积约15万立方米的庞然大物切成许多小块，以达到“不与香山争高低”的目的，饭店只用了白、灰、黄褐三种颜色装饰，室内室外都和谐高雅。因为重复运用了正方形和圆形两种图形，建筑产生了韵律。后花园内远山近水、叠石小径、高树铺草布置得非常得体，既有江南园林精巧的特点，又有北方园林开阔的空间。

前庭和后院虽然在空间上是隔开的，但由于中间设有“常春四合院”，那里的水池、假山和青竹，使前庭后院具有连续性（见图4－27）。

饭店建筑独具特色，整座饭店凭借山势，高低错落，蜿蜒曲折，院落相见，内有十八景观，山石、湖水、花草、树木与白墙灰瓦式的主体建筑相映成趣，1984年香山饭店获美国建筑学会荣誉奖。

图4－27　北京香山饭店

九、上海金茂大厦

图4－28　上海金茂大厦

上海金茂大厦位于上海浦东黄浦江畔，曾被誉为“中华第一高楼”（见图4－28），由美国芝加哥著名的SOM设计事务所设计，1999年8月建成。

金茂大厦总高度为420.5米，主体建筑88层，总建筑面积29万平方米，是集现代办公楼、豪华五星级酒店、商业会展、高档宴会、观光、娱乐、商场等综合设施于一体，深富中华民族文化内涵，融汇西方建筑艺术的智慧型摩天大楼（见图4－29）。

设计师以创新的设计思想，巧妙地将世界最新建筑潮流与中国传统建筑风格结合起来，成功设计出世界级的、跨世纪的经典之作，成为海派建筑的里程碑，并已成为上海著名的标志性建筑物。

图4－29　上海金茂大厦内景

十、北京鸟巢建筑

图4－30 鸟巢

鸟巢是第29届奥林匹克运动会的主会场，位于北京奥林匹克公园内、北京城市中轴线北端的东侧。2008年6月建成，建筑面积25.8万平方米，用地面积20.4万平方米。北京奥运会期间，承担开幕式、闭幕式、田径比赛、男子足球决赛等赛事活动，能容纳观众10万人，其中临时座席两万个。

鸟巢是由瑞士赫尔佐格和德梅隆设计事务所、奥雅纳工程顾问公司及中国建筑设计研究院设计联合体共同设计的方案。该设计方案主体由一系列辐射式门式钢桁架围绕碗状座席区旋转而成，空间结构科学简洁，建筑和结构完整统一、设计新颖、结构独特，为国内外特有建筑。

整个体育场结构的组件相互支撑，形成网格状的构架，外观看上去就仿若树枝搭成的鸟巢，其灰色矿质般的钢网以透明的膜材料覆盖，其中包含着一个土红色的碗状体育场看台。在这里，中国传统文化中镂空的手法、陶瓷的纹路、红色的灿烂与热烈，与现代最先进的钢结构设计完美地相融在一起。整个建筑通过巨型网状结构联系，内部没有一根立柱，看台是一个完整的没有任何遮挡的碗状造型，如同一个巨大的容器，赋予体育场以不可思议的戏剧性和无与伦比的震撼力。这种均匀而连续的环形也使观众获得最佳的视野，带动他们的兴奋情绪，并激励运动员向更快、更高、更强冲刺。在这里，人真正被赋予了中心的地位。

鸟巢在完成奥运会的使命以后，已经成为具有地标性的体育建筑和奥运遗产，而且在世界建筑史上也将具有开创意义，将为21世纪的中国和世界建筑发展提供历史见证。

第五章
西方近现代建筑

第一节　新建筑运动的探索

1640年开始的英国资产阶级革命标志着世界历史进入了近代阶段。而到了18世纪末首先在英国爆发了工业革命，继英国之后，美、法、德等国也先后开始了工业革命。到19世纪，这些国家的工业化从轻工业扩展到重工业，并于19世纪末达到高潮。西方国家由此步入工业化社会。

这个时期，欧美资本主义国家的城市与建筑都发生了种种矛盾与变化：建筑创作中的复古主义思潮与工业革命带来的新的建筑材料和结构对建筑设计思想的冲击之间的矛盾；建筑师所受的传统学院派教育与全新的建筑类型和建筑需求之间的矛盾……以及城市人口的恶性膨胀和大工业城市的飞速发展等。这是一个孕育建筑新风格的时期，也是一个新旧因素并存的时期。

开始于18世纪中期的英国工业革命导致了社会、思想和人类文明的巨大进步，对建筑产生了深远的影响。工业革命是社会生产从手工工场向大机器工业的过渡，是生产技术的根本变革，同时又是一场剧烈的社会关系的变革。一方面是生产方式和建造工艺的发展，另一方面是不断涌现的新材料、新设备和新技术，为近代建筑的发展开辟了广阔的前途。正是应用了这些新的技术可能性，突破了传统建筑高度与跨度的局限，建筑在平面与空间的设计上有了较大的自由度，同时影响到建筑形式的变化。这其中尤其以钢铁、混凝土和玻璃在建筑上的广泛应用最为突出。

以金属作为建筑材料，早在古代建筑中就已开始，而大量的应用，特别是以钢铁作为建筑结构的主要材料则始于近代。随着铸铁业的兴起，1775～1779年第一座生铁桥（设计人：Abraham Darby）在英国塞文河上建造起来，1793～1796年在伦敦又出现了更新式的单跨拱桥——桑德兰桥，全长达236英尺（72米）。在房屋建筑上，铁最初应用于屋顶，如1786年巴黎法兰西剧院建造的铁结构屋顶（设计人：Victor Louis）以及1801年建的英国曼彻斯特的萨尔福特棉纺厂（设计人：Watt and Boulton）的七层生产车间，这里铁结构首次采用了“工”字形的断面。另外，为了采光的需要，铁和玻璃两种建筑材料配合应用，在19世纪建筑中取得了巨大成就。如巴黎旧王宫的奥尔良廊（1829～1831，P.Fontaine）、第一座完全以铁架和玻璃构成的巨大建筑物——巴黎植物园的温室（1833，Rouhault），而最著名的则是1851年建造钢铁框架结构的水晶宫。

框架结构最初在美国得到发展，其主要特点是以生铁框架代替承重墙，外墙不再担负承重的使命，从而使外墙立面得到了解放。

1858～1868年建造的巴黎圣日内维夫图书馆，是初期生铁框架形式的代表。此外还有英国利兹货币交易所、伦敦老火车站、米兰埃曼尔美术馆、利物浦议院、伦敦老天鹅院、耶鲁大学法尔南厅等。美国1850～1880年间“生铁时代”建造的大量商店、仓库和政府大厦多应用生铁构件门面或框架，如圣路易斯市的河岸上就聚集有500座以上这种生铁结构的建筑，在立面上以生铁梁柱纤细的比例代替了古典建筑沉重稳定的印象，但还未完全摆脱古典形式的羁绊。在新结构技术的条件下，建筑在层数和高度上都出现了巨大的突破，第一座依照现代钢框架结构原理建造起来的高层建筑是芝加哥家庭保险公司大厦（1883～1885，William Le Baron Jenney），共10层，它的外形仍然保持着古典的比例（见图5-1）。

图5－1　美国芝加哥会堂大厦

一、主要理论与流派

（一）浪漫主义

浪漫主义是18世纪下半叶到19世纪上半叶欧洲文学艺术领域活跃的一种主要思潮，在建筑上有一定的反映。

十八十九世纪的工业革命不仅带来了生产的大发展，同时也带来了城市的杂乱拥挤、贫民窟滋生、环境恶化等恶果。于是社会上出现了一批乌托邦社会主义者，他们回避现实，向往中世纪的世界观，崇尚传统的文化艺术，要求发扬个性自由、提倡自然天性，同时用中世纪艺术的自然形式反对资本主义制度下用机器制造出来的工艺品，并用它来和古典艺术相抗衡。

图5－2　英国议会大厦

浪漫主义始于18世纪下半叶的英国，早期模仿中世纪的寨堡或哥特风格，如艾尔郡的克尔辛府邸（1770～1790）、威尔特郡的封蒂尔修道院的府邸（1796～1814）；中期浪漫主义常常以哥特风格出 现，所以又称哥特复兴（Gothic Revival），它不仅用于教堂，也出现在一般世俗性建筑中，最著名的作品是英国议会大厦（1836～1868，Sir Charles Barry）（见图5－2、图5－3）和德国新天鹅堡（见图5－4），此外，英国斯塔夫斯的圣吉尔斯教堂（1841～1846，A.W.N.Pugin）与伦

图5－3　英国议会大厦大本钟

敦的圣吉尔斯教堂（1842～1844，Scott and Moffatt），以及曼彻斯特市政厅（1868～1877，Alfred Waterhouse）也都是哥特复兴式建筑较有代表的例子。

图5－4　德国新天鹅堡

（二）古典复兴建筑风格

古典复兴建筑又称古典主义建筑，18世纪60年代到19世纪流行于欧洲一些国家。

图5－5　爱丁堡大学古典复兴风格建筑 / 1825～1829年

自文艺复兴运动以来，欧洲各国始终存在着对古代文化的钟爱，到18世纪中叶，罗马古城一个个被发掘，人们发现学院派的古典主义教条与真正的古典作品大不相同。稍晚一些时候对古希腊遗迹的研究发现，古希腊建筑同古罗马建筑也存在巨大差异。这个时期的建筑理论突破了教条主义一百年的统治，把真正科学的理性精神带进了建筑领域。古典主义与理性主义发生了联系，于是产生了各种新古典主义，即古典复兴建筑风格（见图5－5）。

采用古典复兴建筑风格的主要是国会、法院、银行、交易所、博物馆、剧院等公共建筑和一些纪念性建筑。法国是古典复兴建筑活动的中心，主要代表作品有万神庙（1755～1792）、雄师凯旋门（1808～1836）、马德兰教堂（1806～1842）等，都是罗马复兴的作品。英国在18世纪下半叶兴起了罗马复兴的潮流，代表作品有英格兰银行（1788～1835）；19世纪又兴起了希腊复兴建筑，代表作品有伦敦的不列颠博物馆（1823～1829）（见图5－6）、爱丁堡大学校舍（1825～1829）等。德国主要是希腊复兴式，代表作品有柏林宫廷剧院（1818～1821）（见图5－7）和阿·塔斯博物馆（1824～1828）。美国独立后，古典复兴建筑盛极一时，美国国会大厦（1793～1867）仿巴黎万神庙，为罗马复兴风格（见图5－8）；而林肯纪念堂（1911～1922）则是希腊复兴建筑的实例（见图5-9）。

图5－6　英国不列颠博物馆 / 1823～1829年

图5－7　德国柏林宫廷剧院 / 1818～1821年

图5－8　美国国会大厦 / 1793～1867年

图5－9　美国林肯纪念堂 / 1911～1922年

（三）折中主义

折中主义是19世纪上半叶至20世纪初，在欧美一些国家流行的一种建筑风格。折中主义建筑师任意模仿历史上各种建筑风格，或自由组合各种建筑形式，他们不讲求固定的法式，只讲求比例均衡，注重纯形式美。

随着资本主义社会的发展，需要有丰富多样的建筑来满足各种不同的要求。在19世纪，交通的便利、考古学的进展、出版事业的发达、加上摄影技术的发明，都有助于人们认识和掌握以往各个时代和各个地区的建筑遗产。于是出现了希腊、罗马、拜占庭、中世纪、文艺复兴和东方情调的建筑在许多城市中纷然杂陈的局面。

折中主义建筑在19世纪中叶以法国最为典型，巴黎高等艺术学院是当时传播折中主义艺术和建筑的中心；而在19世纪末和20世纪初期，则以美国最为突出。总的来说，折中主义建筑思潮依然是保守的，没有按照当时不断出现的新建筑材料和新建筑技术去创造与之相适应的新建筑形式。

折中主义建筑的代表作有巴黎歌剧院（1861~1874），它是法兰西第二帝国的重要纪念物，剧院立面仿意大利晚期巴洛克建筑风格，并掺进了烦琐的雕饰，它对欧洲各国建筑有很大影响（见图5-10、图5-11）；罗马的伊曼纽尔二世纪念建筑（1885~1911）是为纪念意大利重新统一而建造的，它采用了罗马的科林斯柱廊和希腊古典晚期的祭坛形制；巴黎的圣心教堂（1875~1877），它的高耸的穹顶和厚实的墙身呈现拜占庭建筑的风格，兼取罗马式建筑的表现手法

图5-10 巴黎歌剧院

图5-11 巴黎歌剧院室内装饰

（见图5-12）；芝加哥的哥伦比亚博览会建筑（1893）则是模仿意大利文艺复兴时期威尼斯建筑的风格。

二、主要代表建筑作品

图5－12　法国巴黎圣心教堂

（一）雄师凯旋门

巴黎雄狮凯旋门位于巴黎市中心戴高乐广场（又名明星广场）中央，是世界上最大的一座凯旋门（见图5-13）。它是拿破仑为纪念1805年打败俄奥联军的胜利，于1806年下令修建的。拿破仑被推翻后，工程终止，波旁王朝被推翻后又重新复工，至1836年全部竣工。设计人为J.F.查尔格林（1739～1811）。凯旋门高49.54米，宽44.82米，厚22.21米，四面有券门。中央券门高36.6米，宽14.6米。在凯旋门两面门墩的墙面上，有4组以战争为题材的大型浮雕："马赛区"、"1810年的胜利"、"和平"和"抵抗"；其中有些人物高达五六米。凯旋门正对爱丽舍大街的一面是1920年11月11日设立的无名战士墓。凯旋门的上部是一个博物馆，陈列着反映拿破仑生平事迹的文献资料。

图5－13　巴黎雄狮凯旋门

（二）埃菲尔铁塔

埃菲尔铁塔位于法国巴黎市中心塞纳河左岸的战神校场上，是1884年法国政府为庆祝1789年法国资产阶级大革命一百周年，举办世界博览会而建立起来的永久性纪念物。法国著名工程师古斯塔夫·埃菲尔设计的铁塔方案在700多个竞赛方案中脱颖而出，被评委会选中。该塔落成后便以设计者的名字命名为埃菲尔铁塔（见图5-14）。铁塔占地12.5公顷，高320.7米，重约7 000吨，由

图5－14　埃菲尔铁塔 / 1884年

18 038个优质钢铁部件和250万个铆钉铆接而成。底部有4个腿向外撑开，在地面上形成边长为100米的正方形，塔腿分别由石砌礅座支承，地下有混凝土基础。在塔身距地面57、115和276米处分别设有平台，距地300米处的第4座平台为一座气象站。自底部至塔顶的步梯共1 711级踏步，另有4部升降机（以蒸汽为动力，后改为可容50～100人的宽大电梯）通向各层平台。1959年顶部增设广播天线，塔增高到320米。埃菲尔铁塔于1887年1月27日动工，1889年3月31日竣工，历时26个月。1889年以前，人类所造的建筑物的高度从来没有达到200米，埃菲尔铁塔把人工建造物的高度一举推进到300米，是近代建筑工程史上的一项重大成就。它表明了19世纪后期结构科学和施工技术的长足进步。铁塔的出现预示着采用金属结构将会大大增加建筑的高度。铁塔建成时有许多人认为它破坏了巴黎的城市天际线而表示反对，但现在埃菲尔铁塔的宏伟形象已经成为巴黎的象征。

（三）巴黎世界博览会机械馆

1889年的巴黎世界博览会上，工业革命对建筑的影响得到了最充分的体现。

机械馆是本次博览会上最重要的建筑之一，它运用当时最先进的结构和施工技术，采用钢制三铰拱，跨度达到115米，堪称跨度方面的大跃进。陈列馆共有20榀这样的钢拱，形成宽115米、长420米，内部毫无阻挡的庞大室内空间。钢制三铰拱最大截面高3.5米，宽0.75米，而这些庞然大物越接近地面越窄，在与地面相接处几乎缩小为一点，每点集中压力有120吨，陈列馆的墙和屋面大部分是玻璃，这是继伦敦水晶宫之后又一次造出的使人惊异的建筑内部空间。

这座陈列馆由康泰明（Victor Contamin，1840～1893）等3名工程师设计，建筑师都特（F.Dtert，1845～1906）配合。陈列馆于1920年被拆除。

（四）伦敦水晶宫

伦敦水晶宫是一座展览馆，专为1851年伦敦第一届世界工业产品大博览会而设计建造（见图5-15）。

图5－15　水晶宫 / 1851年

伦敦水晶宫位于伦敦海德公园内，是英国工业革命时期的代表性建筑。建筑面积约7.4万平方米，宽408英尺（约124.4米），长1851英尺（约564米），高三层，由英国园艺师J.帕克斯顿按照当时建造的植物园温室和铁路站棚的方式设计，大部分为铁结构，外墙和屋面均为玻璃，整个建筑通体透明，宽敞明亮，故被誉为"水晶宫"。

"水晶宫"共用去铁柱3 300根，铁梁2 300根，玻璃9.3万平方米，从1850年8月到1851年5月，总共施工不到9个月时间。1852～1854年，水晶宫被移至肯特郡的塞登哈姆重新组装时，将中央通廊部分原来的阶梯形改为筒性拱顶，与原来纵向拱顶一起组成了交叉拱顶的外形。1936年，整个建筑毁于火灾。

"水晶宫"虽然功能简单，但在建筑史上具有划时代的意义：第一，它所负担的功能是全新的：要求巨大的内部空间，最少的阻隔；第二，它要求快速建造，工期不到一年；第三，建筑造价大为节省；第四，在新材料和新技术的运用上达到了一个新高度；第五，实现了形式与结构、形式与功能的统一；第六，摒弃了古典主义的装饰风格，向人们预示了一种新的建筑美学质量，其特点就是轻、光、透、薄，开辟了建筑形式的新纪元。

第二节　20世纪初期的建筑

20世纪初期主要是指20世纪初到第一次世界大战前这一段时期。在世纪转折前后，西欧大部分地区不但先后发生产业革命，出现工业化的经济技术基础，而且渐次出现社会文化方面的大变动。进入20世纪的门槛，一种新的属于20世纪特有的现代文明渐渐成形。在这样的情势下，建筑文化全面变革的内部和外部条件陆续成熟，在西欧发达地区，不只是建筑的经济和技术因素要求变革，而且社会对建筑的新的精神和审美要求也推动建筑师在战争创伤中进行创新试验。这一时期在西欧的一些大城市如伦敦、布鲁塞尔、阿姆斯特丹、巴黎、维也纳、柏林以及米兰、巴塞罗那等地，建筑师中涌现出在理论和实践中进行创新探索的个人或群体。他们的努力和影响超越了城市和国界，相互启发并相互促进，在20世纪初年便在西欧地区形成彼此呼应的创新潮流。

从19世纪末到第一次世界大战爆发前，新派建筑师向原有的传统建筑观念发起一阵又一阵的冲击，为后一阶段的建筑变革打下了广泛的基础。这一时期是19世纪的建筑到20世纪的建筑的蜕变转换时期，产生了众多的建筑流派和建筑大师，这些建筑师的思想和业绩对以后的建筑发展有积极的作用。

一、芝加哥学派

19世纪以前芝加哥是美国中西部的一个小镇，1837年仅有4 000人。由于美国的西部开拓，这个位于东部和西部交通要道的小镇在19世纪后期急速发展起来，到1890年人口已增至100万。经济的兴旺发达、人口的快速膨胀刺激了建筑业的发展。而1871年10月8日发生在芝加哥市中心的一场毁掉全市1/3建筑的大火灾，更加剧了新建房屋的需求。在当时的这种形势下，芝加哥出现了一个主要从事高层商业建筑的建筑师和建筑工程师的群体，后来被称作“芝加哥学派”。

他们使用铁的全框架结构，使楼房层数超过10层甚至更高。由于争速度、重时效、尽量扩大利润是当时压倒一切的宗旨，传统的学院派建筑观念被暂时搁置和淡化了。这使得楼房的立面大为净化和简化。为了增加室内的光线和通风，出现了宽度大于高度的横向窗子，被称为“芝加哥窗”。高层、铁框架、横向大窗、简单的立面成为芝加哥学派的建筑特点。芝加哥学派中最著名的建筑师是路易·沙利文（Louis Sullivan，1856～1924）。

芝加哥学派的建筑师和工程师们积极采用新材料、新结构、新技术，认真解决新高层商业建筑的功能需要，创造了具有新风格新样式的新建筑。但是，由于当时大多数美国人认为它们缺少历史传统，也就是缺少文化、没有深度、没有分量、不登大雅之堂，只是在特殊地点和时间为解燃眉之急的权宜之计。使这个学派只存于芝加哥一地，10余年间便烟消云散了。路易·沙利文本人也由于任务稀少，竟致破产，于1924年在潦倒中去世。

芝加哥学派的昙花一现和沙利文的潦倒表明：直到19世纪末和20世纪初，传统的建筑观念和潮流在美国仍然相当强大，不易改变。然而，山雨欲来风满楼，新建筑的大潮势不可挡。

二、工艺美术运动

随着工业革命的开始，资产阶级思想的传播以及资产阶级革命的进行，在建筑设计领域率先对传统进行了挑战。

所谓工艺美术运动是起源于英国19世纪下半叶的一场设计运动。以追求自然纹样和哥特式风格为特征，旨在提高产品质量，复兴手工艺品的设计传统。这场设计运动由诗人兼文学家、设计师，被人誉称为“工业设计之父”的威廉·莫里斯倡导宣传和身体力行。英国的文艺批评家和作家罗斯金提出了某些理论指导。

威廉·莫里斯（William Morris，1834～1896）出生于沃尔瑟姆斯托一个富有家庭，曾就读于牛津大学，后受过建筑师和画家的训练，毕业后曾短期从事建筑设计工作，后转向绘画，继而又转向工艺美术事业。

从他的一生来看，他早年酷爱欧洲中世纪的文明和建筑艺术风格，曾携同学游历法国，为法国庄严宏伟的哥特式建筑所折服，立志做一名推广哥特式建筑风格的建筑师。后来他受到主张忠实于自然新画风的拉斐尔前派艺术家的影响，决定改变初衷，做一名拉斐尔前派的画家。真正使他投身于设计事业则是始于1859年。

1857年，为了结婚，莫里斯请设计师菲利普·韦伯设计以红砖瓦构成的“红屋”（见图5-16），这幢房子充分体现了工艺美术运动在建筑设计方面的思想，创立了建筑设计的四条基本原则：

图5－16　莫里斯的红屋

第一，在形状、装饰和材料上，每个室内都应该是结构和面的逻辑派生。其外表隐约可见中世纪的影子，暖调红砖块、不对称“L”形面和窗户的随机排列，给人一种不拘礼和热情的气息。门厅中吊灯和楼梯起柱犹如加工过的哥特建筑塔尖。这种重复使整幢建筑一体化，并传达了一种整体构思。

第二，每个室内都必须具有与它的功能相适应的个性，但与此同时，它又必须是一个将房房连接的大主题的变调。对于红房子来说，各个厅室的大小和气氛虽然都不一样，但都在用材、细节和家具方面连贯一体。

第三，每一个室内都应该如实地展现其结构成分。像楼厅里裸露的木材，支撑楼梯上空的带斜脊的天花板。住宅将骨架犹如外表一样自豪地展现出来，让结构成分充当装饰。

第四，每个室内，从最大的面积到最小的细节，都必须使用与整体相协调的材料。在入口处，用花砖提供了经久耐用的通道，而柔软的木板则为休息用的房间增添了优美感。

红屋建成以后，引起了设计界的广泛兴趣和称颂，使莫里斯感到社会上对于好的设计、为大众的设计的广泛需求，他希望能够为大众提供设计服务，为社会提供真正好的设计，改变当时设计中流行的矫揉造作方式，反对维多利亚风格的垄断。

红屋设计好之后，莫里斯却为找不到合适的家具和装饰用品而发愁。最终他与几位朋友一起自己动手设计家具、地毯、墙纸和壁挂等物品。莫里斯也有感于当时实用工艺美术品设计质量不高，主张美术家与工匠结合，认为这样设计制造出有美学质量的为群众享用的工艺品。1861年莫里斯与朋友马歇尔（Marshall）、福克纳（Falnkner）成立了从事实用工艺品设计与生产的商行，用三人姓氏命名，简称MMF商行。

三、新艺术运动

受英国工艺美术运动的启示，19世纪最后10年和20世纪头10年，欧洲大陆出现了名为“新艺术”的设计新潮流。新艺术运动最初是在比利时首都布鲁塞尔，随后向法国、奥地利、德国、荷兰及西班牙、意大利等地区扩展（见图5-17、图5-18）。

比利时新艺术运动在比利时设计史上被称为先锋派运动。始于19世纪80年代。1881年，由奥克塔·毛斯（Octave Maus）创办民主色彩浓厚的艺术刊物《现代艺术》（L' Art Moderne），宣传新艺术思想。在他的组织下，一批有志于艺术与设计改革的青年在1884年组成了一个前卫的20人小组（the Groupe des Vingt），他们通过举办一系列艺术展览，展示当时欧洲最前卫的艺术作品，使比利时人了解当时前卫艺术发展的状况，接触现代艺术思想。20人小组推威尔德为他们的领袖，从1891年开始，每年举办一次设计沙龙展示各种各样的产品设计和平面设计。1894年，这个小组改名为“自由美学社”。重要的代表人物有维克多·霍塔（Victor Horata，1867~1947）和亨利·凡德·威尔德（Henry Van de Velde，1863~1957）。

维克多·霍塔早年接受学院派建筑教育，主要从事建筑及室内设计。他的建筑设计具有两个明显的特征：一是注重装饰，受自然植物启发的“鞭绳”线条到处可见，在墙面装饰、门和楼梯中十分突出；二是建筑暴露式钢铁结构和玻璃面。

塔赛勒公馆是霍塔早期的代表作之一（见图5-19、图5-20）。该建筑设计的基础是叶、枝、涡卷精细图案构成的起伏运动。室内遵循华丽的新艺术设计。门厅和楼梯带有彩色玻璃窗和马赛克瓷砖地板，饰有盘旋缠绕的线条图

图5－17　新艺术运动风格建筑代表

案，与熟铁栏杆的盘绕图案、柱子和柱头、脊突拱廊以及楼梯圆形轮廓相呼应，整体和谐统一。而霍塔公馆则为维克多·霍塔设计生涯的巅峰之作，是新艺术建筑的里程碑（见图5-21、图5-22）。

图5－18 法国新艺术代表人物埃克多·基马（Hector Guimard）设计的巴黎地铁入口

图5－19 塔赛勒公馆

图5－20 塔赛勒公馆室内设计

图5－21 霍塔公馆（霍塔博物馆）

1899年落成的布鲁塞尔的“人民之家”（1897～ 1899）是霍塔设计的一座大型公共建筑，它是当时比利时社会党建立的一个活动中心。这座建筑高四层，里面有大会堂、会议室、办公室、休息室、咖啡厅等。业主和设计人都抱着“为人民的艺术”的指导思想，建筑处理注重实效与俭朴。金属框架直接表露在建筑正立面上，与大片玻璃组成“幕墙”，金属结构上的铆钉也坦然裸露出来，不加掩饰。大会堂内的金属桁架也直接裸露出来，此外在建筑内部还有不少清水砖墙面。建筑内部的金属构件有许多曲线，或繁或简，冷硬的金属材料看来柔化了，结构显出韵律感，这是努力使工业技术与艺术在房屋建筑上融合起来的一次尝试。

图5－22　霍塔公馆内部

四、维也纳分离派

奥地利的新艺术运动是由维也纳分离派发起的。这是一个由一群先锋艺术家、建筑师和设计师组成的团体，成立于1897年，最初称为“奥地利美术协会”（the Austrian Fine Art Association）。后来，因为他们标榜与传统和正统艺术分道扬镳，故自称“分离派”。其口号是“为时代的艺术，为艺术的自由”。在建筑设计方面的主要代表人物有奥托·瓦格纳（Otto Wagner，1841～1918）、约瑟夫·霍夫曼（Joseph Hoffmann，1970～1956，见图5－23）。

图5－23　约瑟夫·霍夫曼

瓦格纳是奥地利新艺术的倡导者，他早期从事建筑设计，并发展形成自己的学说。他早期推崇古典主义，后来在工业技术的影响下，逐渐形成自己的新观点。其学说集中地反映在1895年出版的《现代建筑》（*Moderne Architektur*）一书中。他指出新结构和新材料必然导致新的设计形式的出现，建筑领域的复古主义样式是极其荒谬的，设计是为现代人服务，而不是为古典复兴而产生的。他对未来建筑的预测是非常激进的，认为未来建筑“像在古代流行的横线条，平如桌面的屋顶，极为简洁而有力的结构和材料”，这些观点非常类似于后来以“包豪斯”为代表的现代主义建筑观点。他甚至还认为现代建筑的核心是交通或者交流系统的设计，因为建筑是人类居住、工作和沟通的场所，而不仅仅是一个空洞的环绕空间。建筑应该具有这种交流、沟通、交通为中心设计考虑，以促进交流，提供方便的功能为目的，装饰也应该为此服务。

他在1900～1902年设计建造的维也纳新修道院40号公寓（Neustiftguss 40），就体现了他的“功能第一，装饰第二”的设计原则和理性主义建筑观念，并抛弃了“新艺术运动”风格毫无意义的自然主义曲线，采用了简单的几何形态，以少数曲线点缀达到装饰效果。形体上大体保有意大利文艺复兴府邸建筑的遗风，但装饰与线脚大为减少，墙面光洁，有的部位是大块光墙面。

建于1899年的马若里卡公寓大楼虽堪称瓦格纳的代表作之一，整个大楼外表装饰十分豪华，马若里卡彩砖和简洁的纵横方格形成鲜明对比（见图5-24）。

图5－24 马若里卡公寓大楼

霍夫曼在新艺术运动也取得了很大的成就，甚至超过了他的老师瓦格纳。他于1903年发起成立了维也纳生产同盟（Wiener Werksttate），这是一个近似于英国工艺美术运动时期莫里斯设计事务所的手工艺工厂，在生产家具、金属制品和装饰品的同时，还出版了杂志《神圣》，宣传自己的设计和艺术思想。在他的建筑设计中，装饰的简洁性十分突出。由于他偏爱方形和立体形，所以在他的许多室内设计如墙壁、隔板、窗子、地毯和家具中，家具本身被处理成岩石般的立体。在他的平面设计中，图形设计的形体如螺旋体和黑白方形的重复十分醒目，其装饰手法的基本要素是并置的几何形状、直线条和黑白对比色调。这种黑白方格图形的装饰手法为霍夫曼所始创，被学术界戏称为“方格霍夫曼”（见图5-25）。

图5－25 霍夫曼设计的斯托克莱宫

五、英国建筑师麦金托什

在英国新艺术运动中取得较大成就的是查尔斯·雷尼·麦金托什（Charles Rennie Mackimtosh，1868～1928）。他于1868年6月7日出生于格拉斯哥，在16岁时就离开家庭外出学习绘画、建筑并参与设计。

图5－26　麦金托什

麦金托什作为一个全面的杰出的设计家，在建筑设计方面成就尤大（见图5–26）。他早期的建筑设计一方面受到英国传统建筑的影响，而另一方面则倾向于采用简单的纵横直线。

他最成功的建筑设计是格拉斯哥艺术学院的一些建筑，设计上采用简单的立体几何形式，内部稍加装饰，非常富有立体主义精神。室内大量采用木料结构，简单的几何形式，内外协调，形成一种统一的风格。为了达到高度统一的设计风格，他还统一设计建筑内部的家具和用品，家具采用原色，注重纵向线条的运用，利用直线搭配进行装饰，尽管避免过多的装饰。如格拉斯哥艺术学院图书馆的设计，没有流畅的装饰线条，而是抽象而富有力量的几何造型，给人的印象如同抽象形式合奏的复调音乐。图书馆内部有高达两层的大厅，矩形截面的梁柱及天花格子光洁朴素，悬挂的灯具和细高的柱子加重了竖直的方向感（见图5–27）。

又如1902年他为希尔大楼所设计的室内，其简洁的立体图形与地板的同类图形相呼应，并且将这种基调延伸到长方形门框、天花板、墙板和几何形灯具，简洁的格子形主宰室内，汇成简洁而空旷的整体效果。再如在家具设计方面，像椅子、柜子、床等都别具特色，特别是他设计的靠背椅，采用黑色的造型，非常夸张，完全摆脱了一切传统形式的束缚，也超越了对任何自然形态的模仿。

图5－27　格拉斯哥艺术学校图书馆

六、西班牙建筑师高迪

西班牙是艺术大师的摇篮，20世纪许多著名的个性化艺术家如毕加索、米罗、达利均出生在这里。而安东尼奥·高迪（Andonnio Gaudi，1852~1926），则为西班牙新艺术运动的最重要代表。

高迪出生于西班牙东北部加泰罗尼亚地区雷乌斯市一个普通手工艺铜匠家庭，毕业于巴塞罗那省立建筑学校。高迪的建筑作品，无论是府邸和公寓，还是教堂和园林建筑，虽有借鉴历史上的哥特建筑和巴洛克建筑的痕迹，但最突出的还是他别出心裁的独特创作（见图5-28）。

图5－28 居埃尔公园（1900~1914）／高迪

高迪最富有创造性的设计是巴特洛公寓（The Casa Batllo，1904~1906），该公寓房屋的外形象征海洋的海生动物的细节（见图5-29）。入口和线面两层的墙面都故意模仿熔岩和溶洞，上面几层的阳台栏杆做成假面舞会的面具模样，屋脊如带鳞片的兽类脊背，屋顶上的尖塔及其他突出物体都各有其怪异形状，表面贴以五颜六色的碎瓷片。

图5－29 巴特洛公寓

米拉公寓（the Casa Mila，1906~1910），进一步发挥了巴特洛公寓的形态，建筑物的正面被处理成一系列水平起伏的线条，这样就使得多层建筑的高垂感与表面水平起伏相映生辉（见图5-30、图5-31）。公寓不仅外部呈波浪形，内部也没有直角，包括家具在内，都尽量避免采用直线和平面。由于跨度不同，他使用的抛物线拱产生出不同高度的屋顶，形成无比惊人的屋顶景观。建筑物造型仿佛是一座被海水长期侵蚀又经风化布满孔洞的岩体，墙体本身也像波涛汹涌的海面，富有动感。

在高迪所有的设计中，在今天看来，最重要的还是他为之投入43年之久，并且至死仍未能够完成的神圣家族教堂（Holy Family Church）（见图5-32）。该教堂1881年委托高迪设计，1884年始建，由于财力不足，多次停工，至今仍在修复。教堂的设计主要模拟中世纪哥特式建筑式样，原设计有12座尖塔，最后只完成4座。尖塔虽然保留着哥特式的韵味，但结构已简练得多，教堂内外布满钟乳石式的雕塑和装饰件，上面贴以彩色玻璃和石块，仿佛神话中的世界一般，教堂浑身上下看不到一条直线、一点清楚的规则，弥漫着向世界的工业化风格挑战的气息（见图5-33）。

图5－30 米拉公寓／高迪

在世纪转折之际，高迪的建筑创作脱离传统的轨道，积极创新，但是他的创新之道与众不同，他把建筑

图5－31 米拉公寓局部

图5－32 神圣家族教堂

形式的艺术表现性放在首位，很少顾及经济效益问题，很少考虑技术的合理性和施工效率，他也不求净化和简化，不注重明晰和逻辑性。他的中心思想是塑造前所未有的奇特的建筑，他殚精竭虑不倦追求的是怪异的建筑造型。

图5－33　神圣家族教堂局部

第三节　20世纪二三十年代的现代主义建筑

一、20世纪二三十年代欧洲主要建筑流派

（一）德国制造联盟

在西欧各国中，德国原是一个后进国家，德国人在赶超老牌资本主义国家时很注意吸取别人的经验教训，当经济实力增长以后，为了将自己的产品打入已被瓜分过的世界市场，他们特别注意改进产品质量，其中主要的一环便是改进产品的设计。

为了改进产品设计，德国人对其他国家特别是美国的经验教训进行了深入细致的研究。德国建筑师穆台休斯在对英国的设计风格和建筑发展进行了细心的考察后，于1907年成立了“德国制造联盟”。

德国制造联盟的宗旨是促进企业界同美术家、建筑师之间的共同活动以推动设计改革，目标是改进设计、提高产品和建筑质量，肯定标准化和用机器大量生产的方式，而设计者的任务是把标准的定型做得尽善尽美。

德国制造联盟在第一次世界大战前后的活动在欧洲产生了广泛影响，拥有贝伦斯等一大批优秀的建筑师，同时培养和影响了一批年轻的建筑师和设计家，其中有后来“现代建筑”的旗手大师格罗皮乌斯、密斯·凡德罗，另一旗手勒·柯布西耶在德国考察时，也受到了“德国制造联盟”的影响。

第一次世界大战后的20年代“德国制造联盟”继续积极活动，1927年它在斯图加特举办的一次住宅建筑展览是现代建筑史上一次重要的事件。1933年希特勒在德国执政，“德国制造联盟”至此解散。

德国制造联盟及有关的一些建筑师的活动为20世纪20年代的建筑设计改革奠定了基础。在两次世界大战之间的年代里，德国的建筑创新活动引起了更加广泛的有世界历史意义的反响，至今“德国制造联盟”的宗旨仍在影响着德国人的设计工作。

（二）风格派

1917年，荷兰一些青年艺术家组成了一个名为“风格”派的造型艺术团体。主要成员有画家蒙德里安（Piet Mondrian，1872~1944）、万·陶斯柏（Theo Van Doesberg）、雕刻家万顿吉罗（G.Vantongerloo）、建筑师奥德（J.J.P.Oud）、里特维德（G.T.Rietveld）等。他们认为最好的艺术就是基本几何形象的组合和构图。蒙德里安认为绘画是由线条和颜色构成的，所以线条和色彩是绘画的本质，应该允许独立存在。他说用最简单的几何形和最纯粹的色彩组成的构图才是有普遍意义的永恒的绘画。他的不少画就只有垂直和水平线条，间或涂上一些红、黄、蓝的色块，题名则为“有黄色的构图”、“直线的韵律”、“构图第×号，正号负号”等。网络派雕刻家的作品，则往往是一些大小不等的立方体和板片的组合。风格派有时又被称为“新造型派”（Ner-plasticism）或“要素派”（Elementarism），总的来看，风格派是20世纪初期在法国产生的立体派（Cubism）艺术的分支和变种。

风格派和构成派既表现在绘画和雕刻方面，也表现在建筑装饰、家具、印刷装帧等许多方面。一些原来是画家的人，后来也从事建筑和家具设计。例如万·陶斯柏和马来维奇都是既搞绘画、雕刻，又搞建筑设计的。

风格派和构成派热衷于几何形体、空间和色彩的构图效果。作为绘图和雕刻艺术，他们的作品不反映客观事物，因而是反现实主义的。最能代表风格派建筑特征的是荷兰乌德勒支（Utrecht）地方的一所住宅。

但是，如果我们把风格派和构成派只是当作一种工艺美术方面的流派来看，那么它们在造型和构图的视觉效果方面进行的试验和探索还是有一些价值的。新材料出现了，技术和工艺改变了，社会经济条件和生活方式变化了，人们的美学观点和爱好也跟着转变了。建筑、家具、服饰、交通工具、纺织品、日用器具和印刷品等各种器物都要改变它们的造型。因此，对于形式和空间作一般性的试验研究也是现代生产和生活提出来的要求。风格派、构成派以及现代西方其他许多艺术流派在这些方面所做的试验和探索对现代建筑及实用工业品的造型设计是有启发意义的。

（三）表现派

20世纪初在德国、奥地利首先产生了表现主义的绘画、音乐和戏剧。表现主义者认为艺术任务在于表现个人的主观感受和体验。例如，画家心目中认为天空是蓝色的，他就会不顾时间地点，把天空都画作蓝色的。绘画中的马，有时画成红色的，有时又画成蓝色的，一切都取决于画家主观的“表现”的需要，他们的目的是引起观者情绪上的激励。

在这种艺术观点的影响下，第一次大战后出现了一些表现主义的建筑。这一派建筑师常常采用奇特、夸张的建筑体形来表现某些思想情绪，象征某种时代精神。德国建筑师孟德尔松（Eric Mendelsohn，1889~1953）在20世纪20年代设计过一些表现主义的建筑。其中最有代表性的是1919~1920年建成的德国波茨坦市爱因斯坦天文台（Einstein Tower，Potsdam）。

有个表现派的电影院建筑在内部天花板上做出许多下垂的卷券形花饰，使观众感到如同坐在挂满石钟乳的洞窟之中，有个轮船协会的大楼上做出许多象征轮船的几何图案。荷兰表现派的住宅建筑甚至把外观处理得使人能联想起荷兰人的传统服装和森砂鞋子，表现派建筑师主张革新，反对复古，但他们是用一种新的表现面的处理手法去替旧的建筑样式，同建筑技术与功能的发展没有直接的关系。它在战后初期时兴过一阵，不久就消退了。

（四）构成派

第一次大战前后，俄国有些青年艺术家也把抽象几何形体组成的空间当作绘画和雕刻的内容。他们的作品，特别是雕刻很像工程结构物。这一派别被称为构成派。代表人物有马来维奇（Kasimir Malevitsch）、塔特林（Vladimir Tatlin）、加博（Naum Ga-bo）等。构成派在旨趣和做法上和风格派没有什么重要的区别。实际上两派的有些成员到后来也在一起活动了。

构成派的代表作品是莫斯科工人俱乐部和由塔特林设计的俄国第三世界纪念碑，这个由抽象几何体与线条组成的雕塑看起来像个工程构筑物，体现了构成派的追求。

二、20世纪二三十年代主要建筑师及作品

（一）格罗皮乌斯与包豪斯

瓦尔特·格罗皮乌斯（Walter Gropius，1883～1969）是德国现代建筑师和建筑教育家，现代主义建筑学派的倡导人和奠基人之一，公立包豪斯（Bauhaus）学校的创办人。1883年5月18日生于柏林，1969年7月5日卒于美国波士顿。

格罗皮乌斯1903～1907年就读于慕尼黑工学院和柏林夏洛滕堡工学院。1907～1910年在柏林建筑师P·贝伦斯的建筑事务所任职。1910～1914年自己开业，同A.迈耶合作设计了他的两座成名作：法古斯工厂和1914年在科隆展览会展出的示范工厂和办公楼。1919年任校长，将实用美术学校和魏玛美术学院合并成为专门培养建筑和工业日用品设计人才的学校，即公立包豪斯（Bauhaus）学校。1928年同勒·柯布西耶等组织国际现代建筑协会，1929～1959年任副会长。纳粹德国期间，他受到迫害和驱逐，他所创建的包豪斯学校几经辗转后于1932年被纳粹强行关闭。

1934年离德赴英开业。1937年到美国定居，任哈佛大学建筑系教授、主任。1952年起任荣誉教授，参与创办该校的设计研究院。格罗皮乌斯在美国广泛传播包豪斯的教育观点、教学方法和现代主义建筑学派理论，促进了美国现代建筑的发展。他在美国还从事设计实践。最初同学生合作成立建筑事务所，设计住宅；1945年又同他人合作创办协和建筑师事务所，发展成为美国最大的以建筑师为主的设计事务所之一。第二次世界大战后，他的建筑理论和实践为各国建筑学界所推崇。20世纪五六十年代，他获得英国、联邦德国、美国、巴西、澳大利亚等国建筑师组织、学术团体和大学授予的荣誉奖、荣誉会员称号和荣誉学位。

格罗皮乌斯积极提倡建筑设计与工艺的统一，艺术与技术的结合，讲究功能、技术和经济效益。他的建筑设计讲究充分的采光和通风，主张按空间的用途、性质、相互关系来合理组织和布局，按人的生理要求、人体尺度来确定空间的最小极限等。

格罗皮乌斯利用机械化大量生产建筑构件和预制装配的建筑方法。他还提出一整套关于房屋设计标准化和预制装配的理论和办法。格罗皮乌斯发起组织

现代建筑协会，传播现代主义建筑理论，对现代建筑理论的发展起到一定作用。其代表作是1965年完成的《新建筑学与包豪斯》。

格罗皮乌斯的主要建筑作品有包豪斯校舍（见图5-34）、实验工厂、德国柏林西门子住宅区、哈佛大学研究生中心等。

图5－34　包豪斯校舍

（二）勒·柯布西耶

勒·柯布西耶（Le Corbusier，1887～1965），是20世纪最重要的建筑师之一，是现代建筑运动的激进分子和主将，被称为“现代建筑的旗手”。

柯布西耶出生于瑞士西北靠近法国边界的小镇，父母从事钟表制造，少年时曾在故乡的钟表技术学校学习，对美术感兴趣，1907年先后到布达佩斯和巴黎学习建筑，在巴黎到以运用钢筋混凝土著名的建筑师奥古斯特·贝瑞处学习，后来又到德国贝伦斯事务所工作。他还到希腊和土耳其周游，参观探访古代建筑和民间建筑。柯布西耶于1917年定居巴黎，同时从事绘画和雕刻，与新派立体主义的画家和诗人合编杂志《新精神》，按自己外祖父的姓取笔名为勒·柯布西耶，他在第一期就写道：“一个新的时代开始了，它植根于一种新的精神，有明确目标的一种建设性和综合性的新精神。”后来他把其中发表的一些关于建筑的文章整理汇集出版单行本书《走向新建筑》，激烈否定19世纪以来的因循守旧的建筑观点、复古主义的建筑风格，歌颂现代工业的成就，提出“我们的时代正在每天决定自己的样式”，称颂工程师的工作方法，“工程师受经济法则推动，受数学公式所指导，使我们与自然法则一致，达到了和谐”。提出“住房是居住的机器”，鼓吹以工业的方法大规模地建造房屋“建筑的首要任务是促进降低造价，减少房屋的组成构件”。对建筑设计强调“原始的形体是美的形体”，赞美简单的几何形体。

1926年柯布西耶就自己的住宅设计提出著名的“新建筑五点”，它们是底层架空、顶花园、自由平面、横向的长窗、自由立面。

按照“新建筑五点”的要求设计的住宅都是由于采用框架结构，墙体不再承重以后产生的建筑特点。柯布西耶充分发挥这些特点，在20世纪20年代设计了一些同传统的建筑完全异趣的住宅建筑。萨伏伊别墅（Villa Savoy）是一个著名的代表作。柯布西耶的建筑设计充分发挥了框架结构的特点，由于墙体不再承重，可以设计大的横向长窗，他的有些设计当时不被人们接受，许多设计被否决，但这些结构和设计形式在以后被其他建筑师推广应用，如逐层退后的公寓、悬索结构的展览馆等，他在建筑设计的许多方面都是一位先行者，对现代建筑设计产生了非常广泛的影响。

图5－35　郎香圣母院教堂南立面

柯布西耶还对城市规划提出许多设想，他一反当时反对大城市的思潮，主张全新的城市规划，认为在现代技术条件下，完全可以既保持人口的高密度，又形成安静卫生的城市环境，首先提出高层建筑和立体交叉的设想，是极有远见卓识的。他在20世纪20年代和30年代始终站在建筑发展潮流的前列，对建筑设计和城市规划的现代化起了推动作用。

第二次世界大战期间，他避居乡间，后来又到印度和非洲工作，战后他的建筑设计风格明显起了变化，从注重功能转向注重形式；从重视现代工业技术转向重视民间建筑经验；从追求平整光洁转向追求粗糙苍老的有时是原始的趣味。因此他在战后的新建筑流派中仍然处于领先地位。他的设计理念对世界各国的建筑师有很大的启发作用。他的设计经常引起很大的争议，他设计的朗香圣母院教堂（La Chapelle de Ronchamp）的怪异外观，令守旧派异常愤怒，但被革新派奉为经典。他为日内瓦国际联盟总部设计的方案引起评审团长时间的争论，最后由政治家裁决否定。他的马赛公寓（L’united’Habitation, Marseille），被法国风景保护协会提出控告，到后来，又成为当地的名胜；他为阿尔及尔市做的规划和建筑设计被市政当局否决，但后来其中的逐层后退设计方法却被许多非洲和中东的沿海国家采纳。

其主要作品有朗香圣母院教堂（见图5-35）、巴黎郊区萨伏伊别墅（Villa Savoy）（见图5-36）、马赛公寓大楼（见图5-37）。

图5－36　巴黎郊区萨伏伊别墅

图5－37　马赛公寓大楼

（三）密斯·凡德罗

密斯·凡德罗1886年生于德国亚琛，其在1908～1911年间与著名建筑大师彼得·贝伦斯一起工作，并从中学到了相当多的东西。后来，他又采纳了包豪斯建筑学派的风格，并继承了瓦尔特·格罗皮乌斯遗留的风格。这位德国土生土长的建筑师于1937年移居美国，1938～1958年任芝加哥阿莫尔学院（后改名伊利诺工学院）建筑系主任。

密斯的贡献在于，通过对钢框架结构和玻璃在建筑中应用的探索，发展了一种具有古典式的均衡和极端简洁的风格。其作品特点是整洁和骨架露明的外观，灵活多变的流动空间以及简练而制作精致的细部。他早期的工作展示了他对玻璃窗体的大量运用，这使之成为其成功的标志。密斯从事建筑设计的思路是通过建筑系统来实现的，而正是这种建筑结构把他带到建筑前沿。同时，他提倡把玻璃、石头、水以及钢材等物质加入建筑行业的观点也经常在他的设计中得以运用。密斯运用直线特征的风格进行设计，但在很大程度上视结构和技术而定。在公共建筑和博物馆等建筑的设计中，他采用对称、正面描绘以及侧面描绘等方法进行设计；而对于居民住宅等，则主要选用不对称、流动性以及连锁等方法进行设计。

密斯建立了一种当代大众化的建筑学标准，他的建筑理念现在已经扬名全世界。作为钢铁和玻璃建筑结构之父，密斯提出的“少就是多”的理念，这集中反映了他的建筑观点和艺术特色，也影响了全世界。密斯在很多领域中都起了相当的作用，他在自传中说道：“我不想很精彩，只想更好！”在芝加哥伊利诺工学院工作之际，由他设计的湖滨公寓（Lake Shore Drive Apartments）充分展示了他在科技时代的建筑天才。直到1969年去世，密斯一直孤身待在芝加哥公寓里从事设计工作。

巴塞罗那国际博览会德国馆是密斯的代表作品，建成于1929年，博览会结束后该馆也随之拆除，其存在时间虽不足半年，但其所产生的重大影响一直持续着。

密斯认为，当代博览会馆设计不应再具有富丽堂皇的设计思想，应该跨进文化领域的哲学园地，建筑本身就是展品的主体。密斯在这里实现了他的技术与文化融合的理想。在密斯看来，建筑最佳的处理方法就是直接切入到建筑的本质——空间、构造、模数和形态。

这座德国馆建立在一个基座之上，主厅有8根金属柱子，上面是薄薄的一片屋顶。大理石和玻璃构成的墙板也是简单光洁的薄片，它们纵横交错，布置灵活，形成既分割又连通，既简单又复杂的空间序列；室内室外也互相穿插贯通，没有截然的分界，形成奇妙的流通空间。整个建筑中没有附加的雕刻装饰，然而对建筑材料的颜色、纹理、质地的选择却十分精细，且搭配异常考究，比例协调，使整个建筑物显出高贵、雅致、生动、鲜亮的品质，向人们展示了历史上前所未有的建筑艺术质量。展馆对20世纪建筑艺术风格产生了广泛影响，同时也使密斯成为当时世界上最受注目的现代建筑师。

德国馆在建筑空间划分和建筑形式的处理上创造了成功的新经验，充分体现了设计人密斯的名言“少就是多”，用新的材料和施工方法创造出丰富的艺术效果。

密斯的其他代表作品有范斯沃斯住宅、美国伊利诺伊理工学院建筑及设计系馆、纽约西格拉姆大厦、德国柏林新国家美术馆等。

（四）赖特和他的有机建筑论

弗兰克·劳埃德·赖特（Frank Lloyd Wright，1869～1959），是20世纪美国的一位最重要的建筑师，在世界上享有盛誉。他设计的许多建筑受到普通的赞扬，是现代建筑中有价值的瑰宝。但是他的建筑思想和建筑风格却很新颖独特。

赖特的主要作品有东京帝国饭店、流水别墅、约翰逊蜡烛公司总部、西塔里埃森、古根海姆美术馆、普赖斯大厦、唯一教堂、佛罗里达南方学院教堂等。

1. 流水别墅

流水别墅（Fallingwater，1936）是现代建筑的杰作之一（见图5-38），它位于美国匹兹堡郊区的熊溪河畔。别墅主人为匹兹堡百货公司老板德国移民考夫曼，故又称考夫曼住宅。

图5－38　流水别墅

流水别墅共3层，面积约380平方米，以二层（主入口层）的起居室为中心，其余房间向左右铺展开来，别墅外形强调块体组合，使建筑带有明显的雕塑感。两层巨大的平台高低错落，一层平台向左右延伸，二层平台向前方挑出，几片高耸的片石墙交错着插在平台之间，很有力度。溪水由平台下怡然流出，建筑与溪水、山石、树木自然地结合在一起，像是由地下生长出来似的。

流水别墅的室内空间处理也堪称典范，室内空间自由延伸，相互穿插；内外空间互相交融，浑然一体。流水别墅在空间的处理、体量的组合及与环境的结合上均取得了极大的成功，为有机建筑理论作了确切的注释，在现代建筑历史上占有重要地位。

2. 赖特的有机建筑论

“有机建筑”是现代建筑运动中的一个派别，赖特是这个流派的代表人物。这个流派认为每一种生物所具有的特殊外貌，是它能够生存于世界的内在因素决定的。同样每个建筑的形式、它的构成，以及与之有关的各种问题的解决，都要依据各自的内在因素来思考，力求合情合理。赖特主张设计每一个建筑，都应该根据各自特有的客观条件，形成一个理念，把这个理念由内到外，贯穿于建筑的每一个局部，使每一个局部都互相关联，成为整体不可分割的组成部分。他认为建筑之所以为建筑，其实质在于它的内部空间。他倡导着眼于内部空间效果来进行设计，“有生于无”，屋顶、墙和门窗等实体都处于从属的地位，应服从所设想的空间效果。这就打破了过去着眼于屋顶、墙和门窗等实体进行设计的观念，为建筑学开辟了新的境界。

这种思想的核心是“道法自然”，就是要求依照大自然所启示的道理行事，而不是模仿自然。自然界是有机的，因而取名为“有机建筑”。

这个流派主张建筑应与大自然和谐，就像从大自然里生长出来似的；并力图把室内空间向外伸展，把大自然景色引进室内。相反，城市里的建筑，则采取对外屏蔽的手法，以阻隔喧嚣杂乱的外部环境，力图在内部创造生动愉快的环境。

这个流派对待材料，主张既要从工程角度，又要从艺术角度理解各种材料不同的天性，发挥每种材料的长处，避开它的短处；认为装饰不应该作为外加于建筑的东西而应该是建筑上生长出来的，要像花从树上生长出来一样自然，它主张力求简洁。这个流派对待传统建筑形式的态度是，认为应当了解在过去时代条件下所以能形成传统的原因，从中明白在当前条件下应该如何去做，才是对待传统的正确态度，而不是照搬现成的形式。赖特的流水别墅、西塔里埃森冬季营地以及德国建筑师沙龙的柏林爱乐音乐厅是有机建筑的实例。

（五）纽约帝国大厦

帝国大厦（The Empire State Building）位于纽约市，共有102层（见图5-39）。由Shreeve，Lamb，and Harmon建筑公司设计，落成于1931年。它的名字来源于纽约州的别称The Empire State（帝国之州）。这个大厦在美国经济最萧条、最不景气的时候，以仅仅不到两年的时间建成。

帝国大厦在世界贸易中心兴建之前，一直是纽约市最高的建筑，并且在很长一段时间内也是全球最高的建筑。帝国大厦原本共381米，20世纪50年代安装的天线使它的高度上升至443.5米。根据估算，建造帝国大厦的材料约有330 000吨。大厦总共拥有6 500个窗户、73部电梯，从底层步行至顶层须经过1860级台阶。它的总建筑面积为204 385平方米。1931年5月1日，帝国大厦正式落成，但许多办公室在20世纪40年代之前一直空置，使它在早期被戏称为Empty State Building（空国大厦）。

帝国大厦是一栋超高层的现代化办公大楼，它和自由女神像一起被称为纽约的标志。

（六）洛克菲勒中心

洛克菲勒中心（Rockefeller Center）号称是20世纪最伟大的都市计划之一（见图5-40）。这块区域占地22英亩，由19栋建筑围塑出来的活动区域，对于公共空间的运用也开启了城市规划的新风貌，完整的商场与办公大楼让中城继华尔街之后，成为纽约第二个市中心。洛克菲勒中心几乎是费理斯画作的完美呈现，包括建筑群的分布与高低的配置，第五大道旁较为低矮的国际大楼

图5－39　纽约帝国大厦

图5－40　洛克菲勒中心

缓缓起伏到第六大道旁最高的奇异电器大楼（69层楼），交错横贯之间的是供市民使用的广场（海峡花园“Channel Garden”、下层广场“Lower Plaza”等），这座迷你的小都市每天可容纳25万人次上班、观光、消费。

严格来说，洛克菲勒中心区域涵盖第五大道至第七大道，介于47街至52街之间，区内包括餐厅、办公大楼、服饰店、银行、邮局、书店……甚至还有地下铁通道贯穿联结，建筑师聪明地利用大楼间的广场、空地与楼梯间制造人行流动的方向，让一天超过25万的人潮在此穿梭无虞。

洛克菲勒中心在建筑史上最大的冲击是提供公共领域，这种为普通大众设计的空间概念引发后来对于“市民空间”（Civic Space）的重视，巧妙地利用大楼的大厅、广场、楼梯间、路冲设计成行人的休息区、消费区，彻底落实为广大中产阶级服务的20世纪30年代（见图5-41）。

图5－41　洛克菲勒中心楼前雕塑

第四节　第二次世界大战后的建筑活动与建筑思潮

20世纪30年代以来，以讲求理性与功能为特征的现代主义一直是西方建筑的主流。在这股主流之下，建筑美学思想是建立在理性、结构、功能的基础之上，忽视了建筑形式对人的作用，片面强调功能性和经济性，走向纯粹理性的极端，忽视了人的情感和环境的作用，形成了单调、统一的建筑形式。这种建筑形式发展到20世纪50年代，开始出现了分裂。1954年美国建筑设计师爱德华·杜勒尔·斯东（Edward Duleer Stone）在设计美国驻印度大使馆时，勇敢地打破了现代主义建筑冷酷的玻璃盒子形式，采用了装饰性胜过功能性的、华丽的大理石雕花格栅，还有贴满了金箔的装饰面钢柱和布置着岛屿、水池、园林等新的设计形式。在当时现代主义建筑一统天下的环境下，这无疑是平地一声春雷。随后，这种对现代主义建筑反叛的新的设计形式，由于从满足人的心理需求出发，力图沟通传统与现代的联系，主张兼收并蓄、丰富多彩和含混模糊，而不强调统一一致和明晰清澈；主张矛盾和冗长累赘超过和谐统一和单纯简洁；追求含义、交际、象征性，备受世人的青睐。其后该风格迅速的发展，1970年后期最终成为建筑的主流风格与形式。

一、后现代主义建筑的特征

后现代主义建筑具有以下特征：

第一，强调建筑的精神功能，注重设计形式的变化。后现代主义建筑认为现代主义建筑的方盒子缺乏人性，主张建筑应该而且必须有装饰。在建筑的细节上，往往采用各种古典装饰，运用变形、分裂、删节、夸张、矛盾等手段使装饰充满趣味性和象征性。而现代主义建筑一向反对装饰主义，认为装饰造成了建筑不必要的开支，从而使大众无法享用。强调非装饰化特点，夸大无装饰化外型特点，在设计形式上陷入了减少主义风格的泥淖之中。

第二，后现代主义建筑强调历史文化，即所谓“文脉主义”。后现代主义的建筑设计师们在抛弃现代主义平滑的方盒子建筑形式时，认为决定建筑外观的不单纯是内部功能，而且还受到群体、环境、地区、历史等的影响，强调建筑的形体质量感，提倡建筑的“内”、“外”双重性，重视层次感和深度感。后现代主义建筑设计师认为现代主义建筑在某种意义上完全把历史隔断了，工业文明好像不是从历史发展过来的，而是从工业革命的烟囱里一下子冒出来似的。因此，他们强调重视传统历史风格，主张对历史风格采用抽出、混合、拼接等方法，并且将这种折中处理建立在现代主义设计的构造基础之上。

第三，后现代主义建筑语言具备“隐喻”、“象征”和“多义”的特点，表现在建筑造型与装饰上的娱乐性和处理装饰细节上的含糊性。现代主义建筑形态语言基本上是单一的，只出于对功能认识；而后现代主义建筑所使用的建筑形式往往包含有一系列现代符号学的内容，通过点、线、面和色彩的变化，使现代主义明确、高度理性化，毫不含糊的形态语言具有了“隐喻”、“象征”和“多义”的含义以及戏谑、调侃的色彩。所以，了解后现代主义建筑，应该从结构、符号、形式等多种角度出发。

当然，后现代主义建筑的上述特点，是在一个历史过程中形成和表现出来的，并不是在所有的后现代主义建筑设计中都有充分的体现。一方面，正如我们前面所指出的，从现代主义受到质疑到否定，从后现代主义萌芽到最终确立，有一个发展过程；另一方面，建筑作为一切艺术的综合，它不仅受到人们的思想观念的影响，而且还与现代科技，特别是新材料、新技术的发展密切相关。现代科技的每一进步，可能会改变建筑的结构形式和装饰 面貌。

二、后现代主义建筑设计的代表人物及代表作品

后现代主义建筑设计从爱德华·杜勒尔·斯东于1955年设计新德里美国大使馆开始，在欧、美、日本乃至拉丁美洲的一些国家中，出现了不少的设计师，设计了大量的、著名的具有后现代主义建筑特点的作品。通过对这些著名设计师作品的介绍、分析，有助于我们对后现代主义建筑设计有全面、深刻的了解。

（一）现代建筑的探索者——尼迈耶尔

巴西建筑师尼迈耶尔（Niemeyer，1907～2012），是勒·柯布西耶的学生。他早年的设计与勒·柯布西耶的设计风格没有太大区别。后来他在勒·柯布西耶设计风格的基础上结合巴西传统的葡萄牙巴洛克式曲线美，融入巴西本

土气候特征、民俗因素，谋求适度的技术、艺术、功能的合理性，从而形成了他极具个人特色的后现代主义建筑设计风格。他设计的建筑很多，重要的除早年与考斯塔及瑞迪设计的巴西教育部15层大楼、纽约万国博览会巴西馆等外，还有陆军总司令部、大教堂、尼迈耶尔博物馆（见图5-42）、巴西议会大厦、巴黎法国共产党总部大厦等。

巴西议会大厦位于巴西首都巴西利亚三权广场的最高处，由240米长的水平大厅和后面居中耸立的两幢并排的27层办公楼组成，形成水平与垂直线条的对比（见图5-43）。水平大厅内包括两院会议厅、交谊厅、会客厅、休息厅等。顶部有两个造型完全不同的圆形屋顶，一个是敞口朝上，像一口大锅一般的众议院会议厅屋顶；另一个是覆口朝下，像反扣的大盆一般的参议院会议厅屋顶。有人分析说，前者象征着广开言路、兼容并蓄；后者则象征着集中表决、拍板定案。大厦的门厅有富有印第安风格的装饰壁画。大厦广场上，矗立着芬兰雕塑家查德金设计的抽象雕塑——象征立法、司法、行政三权并立的三个并肩“人”形抽象雕塑。

尼迈耶尔的建筑作品既有20世纪中期现代建筑的普遍性，又有拉丁美洲的特殊性。热带的气候和地理特点反映在他的建筑上。而尼迈耶尔的建筑作品的自由流畅的造型又使人联想到拉丁美洲舞蹈的动作，这些正是拉丁美洲人民的性格和气质的反映。

图5－42　尼迈耶尔博物馆 / 2002年

（二）美国建筑师埃诺·沙里宁

埃诺·沙里宁（Eero Saarinen，1910~1961）是芬兰著名建筑师埃利尔·沙里宁之子，一般称作是小沙里宁。

小沙里宁于1910年出生于芬兰，13岁时，他的家庭移民到美国。他在密歇根州堪布鲁克艺术学院附近长大，他的父亲也在这所学校执教，且为这所学校设计了部分校舍。埃诺·沙里宁曾跟随其父亲学习，并还研习了雕塑和家具设计。埃诺·沙里宁与他的同学查尔斯·埃姆斯关系密切，与佛罗伦斯·诺尔也结为好友。之后他前往耶鲁大学学习建筑，并于1934年毕业。取得学位以后他周游欧洲与北非一年，然后回到芬兰生活了一年。接着他回到堪布鲁克，在他父亲手下工作，也在堪布鲁克艺术学院执教。1940年，他加入美国国籍。1950年在他父亲去世后，他成立了他自己的建筑事务所。

使埃诺·沙里宁名闻世界的是圣路易市杰斐逊国家纪念碑（见图5-44）。这座高宽各为190米的外贴不锈钢的抛物线形拱门，造型雄伟，线条流畅，象征该市为美国开发西部的大门。

1952年他设计了麻省理工学院小礼堂兼教堂，采用了三角形拱壳。礼堂采用只有3个支点的1/8球壳做屋顶，教堂为圆形砌建筑。

1958年为耶鲁大学设计了冰球馆，采用悬索结构，沿球场纵轴线布置一根钢筋混凝土拱梁，悬索分别由两侧垂下，固定在观众席上。建筑造型奔放舒展，表达出冰球运动的速度和力量。

他最令人惊奇的作品是纽约肯尼迪机场的美国环球航空公司候机楼，建筑外形像展翅的大鸟，动势很强；屋顶由四块浇钢筋混凝土壳体组合而成，几片

图5－43　巴西国会大厦 / 1958年

图5－44　美国杰斐逊国家纪念碑 / 1964年

壳体只在几个点相连，空隙处布置天窗，楼内的空间富于变化。这是一个凭借现代技术把建筑同雕塑结合起来的作品。

他的另一杰作是华盛顿杜勒斯国际机场候机楼。大楼为悬索屋顶，跨度45.6米，长度为182.5米，人流沿纵向行进。跨中屋顶低矮，下设办理登机手续等一系列管理用房；跨端空间高敞，供旅客集散之用。结构形式与功能结合妥善，轻巧的悬索屋顶象征飞翔，与结构本身的特点合拍，显得十分自然。

沙里宁设计了一系列新奇独特的作品，表现了丰富多彩的建筑语汇。埃诺·沙里宁1961年9月1日死于脑科手术中。1962年美国建筑师协会追授他金质奖章。

（三）美国建筑师菲利普·约翰逊

菲利普·约翰逊（Phillip Johnson，1906~2005），美国建筑师，建筑理论家，埃森曼称他为美国建筑界的“教父”。他最初在哈佛大学学哲学，但自从读了密斯·凡德罗、勒·柯布西耶和瓦尔特·格罗皮乌斯等建筑大师的相关文章之后，他就固执地转了专业。21岁的时候，他获得了哈佛大学建筑学院的建筑学学士学位。后同建筑史家H.R.希契科克（Henry Russell Hitchcock）游历欧洲，结识了许多现代派建筑师。归国后于1932年任纽约市现代艺术博物馆（MOMA）建筑部主任，同年与希契科克合著《国际式风格》一书，并举办展览，首次向美国介绍欧洲现代主义建筑。同时，他又与H.R.希契科克一起撰写关于“建筑国际风格”的相关著作，该计划中有多名伟大建筑师参与。

约翰逊的早期作品明显受密斯·凡德罗的影响；20世纪50年代中期开始由密斯风格转向新古典主义。这时期的代表作品有内布拉斯加大学的谢尔顿艺术纪念馆（1960~1963）、纽约林肯中心的纽约州剧院（1964）等。20世纪70年代同J·伯吉合作开设事务所，合作设计了一系列建筑，较重要的有明尼苏达州明尼阿波利斯IDS中心（1973）、休斯敦的潘索尔大厦（1976）、加利福尼亚州加登格罗芙的“水晶教堂”等。这几幢建筑一扫他的折中风格，颇有清新气息。这是约翰逊富有成就的时期。但在1983年建成的位于纽约曼哈顿区的美国电话电报公司大楼设计中，约翰逊又把历史上古老的建筑构件进行变形，加到现代化的大楼上，有意造成暧昧的隐喻和不协调的尺度（见图5-45）。这座建筑已成为后现代主义的代表作。同样的作品还有耶鲁微生物学楼、休斯敦银行大厦、美国宾夕法尼亚州匹兹堡PPG总部等。

由于约翰逊善于建造高楼和公共场所等大型建筑，因此他的作品遍及各个领域，他的设计经常具有很强的抽象性和审美观。约翰逊总是离奇地将一幢建筑到另一种建筑的风格完全改变，这也是他在工商界大受欢迎的缘故。约翰逊一直注重变幻建建筑物的外形，用他的话来说就是："我们从来没必要照搬我们自己的东西，而是应该跟这些完全不同。"由于过多的关注建筑背景（比如环境和位置等），约翰逊的设计不时显得相当折中。在约翰逊与搭档伯奇合作的设计中，越来越注意通过建造地平线的同一性以满足客户的需要，客户们往往希望他们的建筑在这个共同的世界中显得更别致、醒目一些。因此，他设计的建筑既与四周的高楼形成明显的对比，又占了相当的优势地位。他认为建筑的结构和外观必须与客户的认可程度相当。

图5－45　美国纽约电话与电报公司大厦

位于曼哈顿春天街330号宁静街区的都市玻璃之屋（The Urban Glass House）为约翰逊的最后一件建筑作品。2006年完工的都市玻璃之屋，优雅的矩形空间，以大胆的几何线条创造明快的视觉穿透性。美国最大的豪宅建筑商Toll Brothers宣布调降2006年的房屋销售预估值，使得整个豪宅市场面临萎缩的悲观气氛。然而，都市玻璃之屋在宣布销售的初期，即在两个星期内售出三成，显示人们对于拥有菲利普·约翰逊的最后作品抱有极大的热情。

（四）美国建筑师格里夫斯

格里夫斯（Michael Graves，1934～）是美国当代著名建筑设计师（见图5－46），毕业于普林斯顿大学建筑系。他很早就针对现代主义单调的建筑形式进行探索，其建筑设计不仅综合了建筑家与艺术家的双重技艺，完整地把艺术与技术进行结合，而且讲究装饰的丰

图5－46　格里夫斯

富、色彩的绚丽，也讲究历史风格的折中。在建筑设计界他被誉为后现代主义建筑设计奠基人。他的建筑设计作品甚多，主要有波特兰市公共服务中心、肯塔基州路易斯市人文大楼、加利福尼亚州圣胡安·卡特诺公共图书馆等，其中最有影响的设计作品是1980～1982年设计建造的俄勒冈州波特兰市公共服务中心（见图5-47）。该建筑的结构是现代主义的，但采用了大量的装饰，具有非常浓厚的装饰性，楼正面有用彩色水泥和砖镶成的巨大的希腊式柱子，楼底设计成神殿基座造型，这与现代主义冷漠的几何造型完全不同。

立方体的造型体现出古典的单纯，格子状的小窗与建筑物的庞大规模形成了强烈的对比，使建筑富有一种夸张的膨胀感。中间竖条把建筑物分开，一对巨大的褐红色壁柱与两边小窗的白色墙面形成对照，为感觉虚幻的建筑物起到了强有力的支撑作用的视觉效果。

（五）丹麦建筑师——伍重

约恩·伍重（Jorn Utzon，1918～2008）是丹麦建筑设计家，他的代表作是澳大利亚悉尼歌剧院（Sydney Opera House，1973，见图5-48）。

悉尼歌剧院地处悉尼市班尼朗岬湾，于1973年竣工。悉尼歌剧院的外观为3组巨大的壳片，耸立在南北长186米、东西最宽处为97米的现浇钢筋混凝土结构的基座上。第一组壳片在地段西侧，四对壳片成串排列，三对朝北，一对朝南，内部是大音乐厅。第二组在地段东侧，与第一组大致平行，形式相同而规模略小，内部是歌剧厅。第三组在它们的西南方，规模最小，由两对壳片组成，里面是餐厅。其他房间都巧妙地布置在基座内。整个建筑群的入口在南端，有宽97米的大台阶。车辆入口和停车场设在大台阶下面。悉尼歌剧院坐落在悉尼港湾，三面临水，环境开阔，以特色的建筑设计闻名于世，它的外形像3

图5－47　俄勒冈州的公共服务中心

图5－48　澳大利亚悉尼歌剧院

个三角形翘首于河边，屋顶是白色的形状犹如贝壳，因而有“翘首遐观的恬静修女”之美称。

歌剧院整个分为3个部分：歌剧厅、音乐厅和贝尼朗餐厅。歌剧厅、音乐厅及休息厅并排而立，建在巨型花岗岩石基座上，各由4块巍峨的大壳顶组成。这些“贝壳”依次排列，前3个一个盖着一个，面向海湾，最后一个则背向海湾侍立，看上去很像是两组打开盖倒放着的蚌。高低不一的尖顶壳，外表用白格子釉磁铺盖，在阳光照映下，远远望去，既像竖立着的贝壳，又像两艘巨型白色帆船，飘扬在蔚蓝色的海面上，故有“船帆屋顶剧院”之称。那贝壳形尖屋顶，是由2 194块每块重15.3吨的弯曲形混凝土预制件，用钢缆拉紧拼成的，外表覆盖着105万块白色或奶油色的瓷砖。

此外，歌剧院内部装饰也非常讲究，为了避免墙壁反光，墙壁都用暗色夹板镶嵌，地板和天花板用本地产的黄杨木和桦树木，顶棚上有用来扩散声音的大圆环，结构极其合理。

悉尼歌剧院的外观既像是海上的船帆，又像盛开的花朵，被视为悉尼市标。为研究和设计这些壳片的结构，设计师用去8年时间，施工也费时3年多。工程预算700万美元，实际费用达12 000万美元。

（六）意大利建筑设计师——任佐·皮阿诺

任佐·皮阿诺（Renzo Piano）是意大利著名建筑设计师，其代表作品是与理查德·罗杰斯（Richarad Rogers）设计的蓬皮杜国家艺术与文化中心（Centre National d'art et de Culture Georges Pompidou，1977）（见图5－49）。按照他们的设计思想：“这幢房屋既是一个灵活的容器，又是一个动态的交流机器。它的目标是要直截了当地贯穿传统文化惯例的极限，而尽可能地吸引最多的群众。”他们要表达意图是体现现代文化艺术的通俗性、广泛性、多元性和可生产性。他们要造就的是一座文化工厂或文化超级市场。大楼的设计可谓惊世骇俗，它不仅把内部结构暴露无遗，而且连设备设施也显露在外面。它的主立面（东面）上，贯串着五颜六色的管道：红色代表交通系

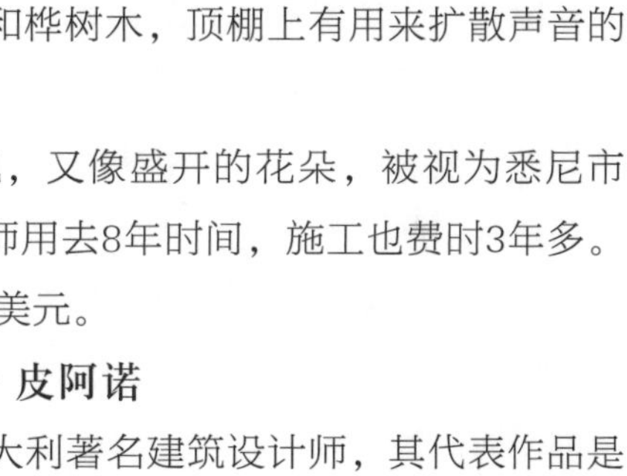

图5－49　蓬皮杜国家艺术与文化中心

图5－50　贝聿铭（Ieoh Ming Pei，1917－）

图5－51　上海美术馆 / 1956年

图5－52　香港中银大厦 / 1990年

统，绿色代表供水系统，蓝色代表空调系统，黄色代表供电系统。西立面朝向广场，有几条交错的玻璃管道，内部是自动电梯。总之，设计师把一个文化艺术设施变成了一座工厂，或者一台机器，从而打破了传统观念认为文化建筑应该有典雅的外形和宁静的看法。

（七）华裔美籍建筑设计师——贝聿铭

贝聿铭1917年4月出生于广州，1935年赴美国宾州大学学习建筑，后因战争而滞留美国（见图5-50）。从20世纪40年代至1990年，贝聿铭设计了大量的作品，著名的有上海美术馆（见图5-51）、夏威夷东西文化交流中心、纽约基辅湾公寓大楼、全球大气研究中心、肯尼迪纪念图书馆、台湾东海大学鲁斯教堂、北京香山饭店、香港中银大厦（见图5-52）和苏州博物馆（见图5-53）等。建筑融合自然的空间理念，主导着贝聿铭一生的设计，这些作品的共同点是内庭，内庭将内外空间串联，使自然融于建筑；光与空间结合，使空间变化万端，“让光线来做设计”是他的名言。

三、后现代主义以后的其他建筑流派

（一）高科技风格

高科技风格源于20世纪二三十年代的机器美学，反映了当时以机械为代表的技术特点。到20世纪70年代以后，一些设计师和建筑师认为，现代科学技术

图5－53 苏州博物馆 / 2006年

图5－54 洛杉矶迪士尼音乐中心

突飞猛进，尖端技术不断进入人类的生活空间，应当树立一种与高科技相应的设计美学，于是出现了所谓的高科技风格。高科技风格这个术语也于1978年由祖安·克朗（Joan Kron）和苏珊·斯莱辛（Susan Slesin）两人的专著《高科技》中率先出现。高科技风格首先从建筑设计开始，意大利建筑设计师任佐·皮阿诺和英国建筑家里查·罗杰斯于1977年设计的法国巴黎蓬皮杜文化中心和1986年设计的位于伦敦的洛依德保险公司大厦，就是高科技风格建筑的典型代表。

高科技风格的实质在于把现代主义设计中的技术因素提炼出来，加以夸张处理，形成一种符号的效果，赋予工业结构、工业构造和机械部件一种新的美学价值和意义。

（二）解构主义

所谓解构主义是对结构的破坏和分解。作为一种哲学思潮，1967年前后由哲学家贾奎斯·德里达（Jacques Derrida）推出，作为一种设计风格，20世纪80年代由建筑师彼得·埃森曼（Peter Eissenmann）和贝马得·屈米（Bemard Tschumi）提出。解构主义作为设计形式最先在建筑领域开始，其最重要和影响最大的人物是弗兰克·盖里（Frank Gehry）和彼得森·埃森曼。1974年出生于加拿大的盖里，堪称世界上第一个解构主义风格的建筑设计家，他设计了一系列解构主义特征的建筑，如巴黎的“美国中心”、洛杉矶迪士尼音乐中心（见图5－54）、巴塞罗那奥林匹克村、美国俄亥俄州托列多大学艺术楼等。埃森曼不仅是一位解构主义设计家，而且还是一位学者，他于1932年出生于美国新泽西州，曾是非常前卫的建筑集团“纽约五人”（New York

Five）成员之一，他对解构主义哲学有很深的研究，从1968年起设计了从“1号住宅”开始的系列住宅，从事“深层结构”以及“深层结构”与“表层结构”之间转换的设计实践。1983～1989年设计的俄亥俄州立大学视觉艺术中心是他一生的代表作之一。著名的解构主义风格的设计师还有1944年出生于瑞士洛桑的伯纳德·屈米、1944年出生于荷兰鹿特丹的莱姆·库哈斯、1950年出生于伊拉克巴格的札哈·哈迪德、1946年出生于波兰的丹尼尔·里伯斯金、1943年出生于美国洛杉矶的欧文·莫斯等。他们主要从事建筑设计，但也探索设计了一系列解构主义风格的产品设计。

解构主义是具有很大个性、随意性和表现特征的设计探索风格，是对正统的现代主义、国际主义原则和标准的否定与批判。其理论的复杂性、设计方法及视角的多样性，带来表现语言和形式特征的多样性。

（三）新现代主义

新现代主义风格是一种对于现代主义进行重新研究和探索发展的设计风格，与后现代主义对于现代主义的冷嘲热讽相反，新现代主义是坚持现代主义的传统和原则，完全依照现代主义的基本语汇进行设计，而根据需要加入了新的简单形式的象征意义。因此，新现代主义风格既具有现代主义严谨的功能主义和理性主义特点，又具有独特的个人表现和象征特征。新现代主义从1960年代开始出现，大量表现在建筑设计中，美籍华人贝聿铭于1989年设计的卢浮宫入口——“水晶金字塔”，是新现代主义设计的代表作（见图5-55）。从新现代主义风格的设计作品来看，它仍以理性主义、功能主义、极少主义为设计原

图5－55　卢浮宫入口——“水晶金字塔”

则，但由于有象征主义和个人表现因素的加入，其设计有着现代主义简洁明快的特征而又不至于如现代主义那样单调而冷漠；有着后现代主义那样活泼的特色，而又不像后现代主义那样漫不经心和带着冷嘲热讽般的调侃，是严肃中见活泼、变化中有严谨。

现代主义之后的建筑发展走向了多元化的趋势，不仅仅局限在我们提到的后现代主义、“高科技”派、解构主义、新现代主义这几个流派，还有很多建筑设计师从生态环境、节省能源、可持续发展等方面做了探索。

附录

附录1　中外建筑名词图表

序号	词　目	释　义	图　例
1	进深	指建筑物纵深的长度距离。即位于同一直线上相邻两柱中心线间的水平距离，各间进深总和称通进深	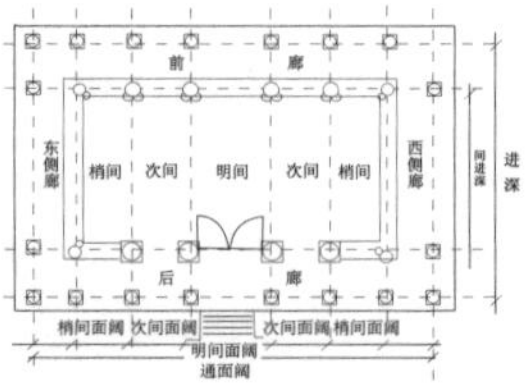
2	开间面阔	木构建筑正面两檐柱间的水平距离，各开间之和为“通面阔”。中间一间为“明间”，左右侧为“次间”，再外为“梢间”，最外的称为“尽间”，九间以上增加次间的间数	
3	《考工记》	是中国目前所见年代最早的手工业技术文献，编纂于春秋末至战国初，部分内容补于战国中晚期。书中记述了齐国官营手工业各个工种的设计规范、制造工艺、生产管理和建筑营建制度等内容，该书在建筑史和文化史上占有重要地位	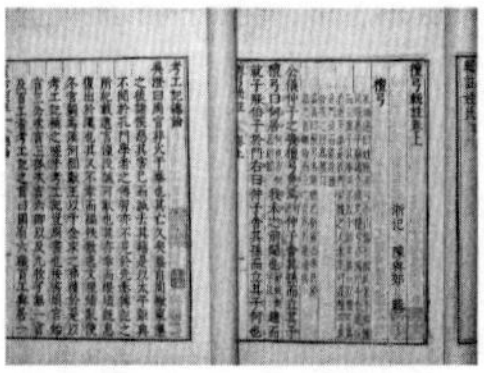
4	《营造法式》	是北宋官方颁布的一部建筑设计、施工的规范书，李诫编著，刊行于宋崇宁二年（1103）。书中总结了宋代以前建筑技术经验，制定了以材为祖的建筑模数制，对建筑的功限、料例也作了严密限定。作为编制预算和施工组织的准绳，它是我国古代最完整的建筑技术书籍	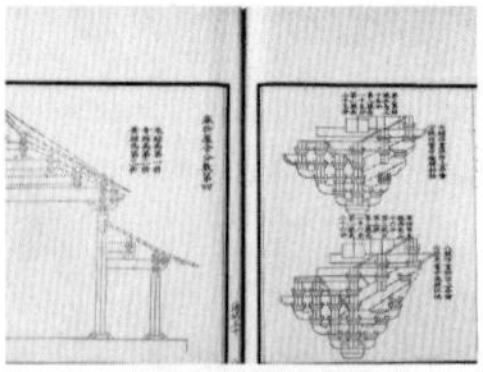
5	抱鼓石	一般是指位于宅门入口、形似圆鼓的两块人工雕琢的石制构件，因为它有一个犹如抱鼓的形态承托于石座之上，故此得名，是门枕石的一种，主要用于稳固门面	
6	戗脊	又称岔脊，是古代中国、日本、朝鲜歇山顶建筑自垂脊下端至屋檐部分的屋脊，和垂脊成45度，对垂脊起支戗作用	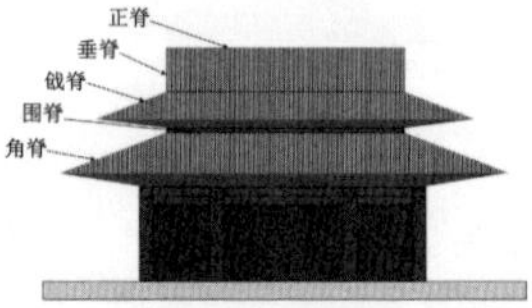

（续表）

<table>
<tr><th>序号</th><th>词 目</th><th>释 义</th><th>图 例</th></tr>
<tr><td>7</td><td>《园冶》</td><td>是中国古代的造园学著作，明代计成于1634年编纂完成。全书共分3卷，内容主要有相地、立基、屋宇、栏杆、门窗、墙垣、掇山、造石、借景等，对造园目标、造园方法、造园步骤、造园构思等作了精彩的论述，是中国古典造园艺术经典和造园文化的里程碑</td><td>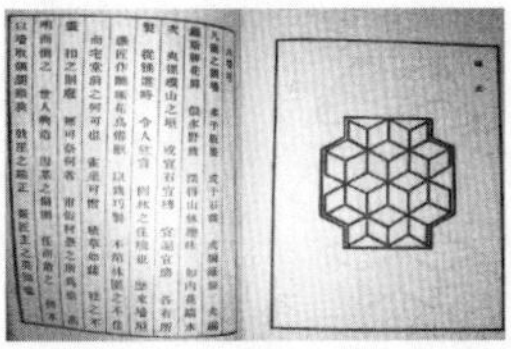</td></tr>
<tr><td>8</td><td>须弥座</td><td>又名“金刚座”、“须弥坛”，源自印度，系安置佛、菩萨像的台座。后演变为建筑基座，一般用于高级建筑。最初的形式是一种上下出涩、中为束腰的形式，没有多少装饰，且对称布置。后来逐渐出现了莲瓣、卷纹饰、力神、角柱、间柱等，造型日益复杂</td><td></td></tr>
<tr><td>9</td><td>台基</td><td>指地面之上、柱墙之下的基座，对同一组建筑群的单座建筑而言，台基的高低代表地位的高低尊卑</td><td rowspan="2"></td></tr>
<tr><td>10</td><td>勾栏</td><td>即栏杆，由望柱、寻杖、栏板构成，一层栏板为“单勾栏”，二层为“重台勾栏”</td></tr>
<tr><td>11</td><td>阶级踏步</td><td>在踏的两旁置垂带石的踏道</td><td rowspan="3"></td></tr>
<tr><td>12</td><td>慢道</td><td>是在斜道上用砖石露棱堆砌，可以防滑，一般用作室外</td></tr>
<tr><td>13</td><td>礓䃰</td><td>即斜道、辇道或御路，是倾度平缓用以行车的坡道，常与踏跺组合在一起</td></tr>
<tr><td>14</td><td>美人靠</td><td>又称鹅颈椅，是在厅、轩、亭等临水方面设置木质曲栏的座椅，供游人休憩之用</td><td></td></tr>
</table>

（续表）

序号	词 目	释 义	图 例
15	步	屋架上的“檩”与檩中心线面的水平距离为步，各步的距离的总和与侧面各开间宽度总和为“通进深”，若有斗拱，则按照前后挑檐檩中心线间水平距离计算	
16	举架举折	是建筑屋顶构架的做法。举，是屋架的高度，常按建筑的进深与屋面材料而定。折，是计算屋架举高时，由于各檩升高的幅度不一致，求得的屋面横断面的坡度不是一根直线，而是若干折线组成	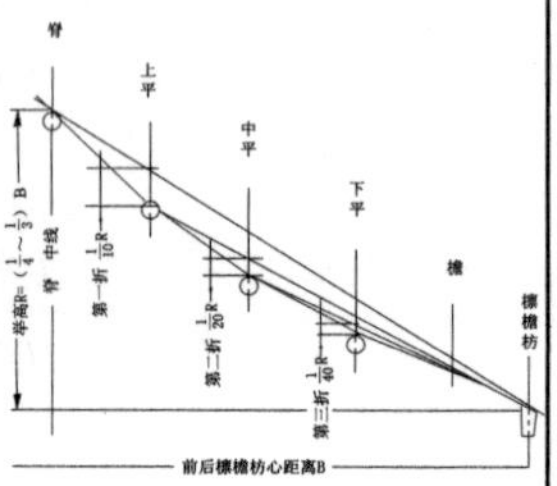 宋式建筑屋顶举折
17	举折法	宋代建筑屋顶构架的做法。先按照房屋进深，定屋面坡度，将脊槫“举”到额定的高度，然后从上而下，逐架“折”下来，求得各架槫的高度，形成曲线和曲面	
18	举架法	清代大屋顶的构架做法。从最下一架起，先用比较缓和的坡度，向上逐架增加斜坡的陡峭度。因此，最后“举”到多高，仿佛是“偶然”的结果	
19	升起	宋、辽建筑的檐柱由当心间向两端升高，因此檐口呈一条缓和的曲线	
20	侧脚	宋代建筑规定外檐柱在前后檐向内倾斜柱高的1‰，在两山向内倾斜柱高的8‰，而角柱在两个方向都倾斜	
21	移柱造	在中国古代木结构建筑中，将若干内柱移位，增加或减少柱距，以达到所需要空间和功能的做法。这种做法常见于宋、辽、金、元时代的建筑中	
22	减柱造	古代建筑柱网平面中减掉部分金柱的做法。出现于11世纪后，辽金时庙宇建筑常用此种做法，可使室内空间宽敞，明以后少用	

（续表）

序号	词 目	释 义	图 例
23	瓦当	瓦当是中国古代建筑瓦件，是接近屋檐的最下一个筒瓦的瓦头，形状有半圆或圆形，表面多装饰有花纹或文字。它既有保护房屋椽子免受风雨侵蚀的实用功能，又有美化屋檐的装饰功能	
24	额枋阑额	柱子上端联系与承重的构件。有时两根叠用，上面的谓之大额枋，下面的叫小额枋，二者用垫板（额垫板）传于内柱间的叫内额，位于地脚处的叫地袱	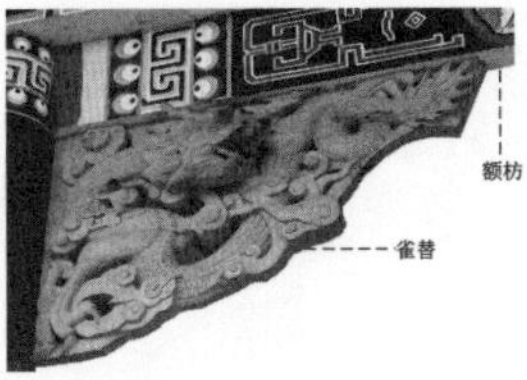
25	雀替	是置于梁枋下与柱子相交的短木，可以缩短梁枋的净跨距离。可以用于柱间的花牙子下，称为花牙子雀替，在建筑末端，由于开间较窄，两侧柱挑出的雀替常联为一体叫骑马雀替。雀替可用于柱间的挂落下，成为纯装饰构件	
26	斗拱	是中国古代木结构建筑中最具特色的一种构件，某种程度上也可称得上是中国古代传统木结构建筑的象征。斗拱是靠榫卯结构将一组小木构件相互叠压组合而成的一类构件，用于柱顶、额枋、屋檐及构架间，起承重连接作用，明清以后主要起装饰作用。斗拱基本都由两个功能件组成：一是横向或纵向用于承托枋梁的“拱”；二是位于“拱”间，承托连接各层“拱”的方形构件“斗”	
27	栌斗	斗拱的最下层，重量集中处最大的拱	
28	昂	是斗拱中斜置的构件，起杠杆作用。有上下昂之分，以下昂使用为多，上昂用于室内，平坐斗拱或斗拱里跳之上	
29	材	是宋代建筑构件的长度的标准	

（续表）

序号	词 目	释 义	图 例
30	抱厦	由两个九脊殿丁字相交，插入部分叫抱厦。十字相交的叫“十字脊”，是指在原建筑之前或之后接建出来的小房子	
31	山门	寺院正面的楼门。通常寺院为了避开市井尘俗而建于山林之间，因此称山号、设山门。后世造于平地、市井中之寺院，亦泛称山门。一般有三个门，所以又称“三门”。象征“三解脱门”，即“空门”、“无相门”、“无作门”	
32	版门	用于城门或宫殿、衙、署的大门，一般为两扇，有棋盘版门、镜面版门之分	
33	直棂窗	中国古代木建筑外窗的一种，窗格以竖向直棂为主，是一种比较古老的窗式	
34	漏窗	俗称花墙头、花墙洞、漏花窗、花窗，是一种满格的装饰性透空窗，外观为不封闭的空窗，窗洞内装饰着各种漏空图案，透过漏窗可隐约看到窗外景物。应用于住宅、园林中的亭、廊、围墙等处	
35	平綦	即今之天花板，古代也叫作“承尘”。在木框间放较大的木板，板下施彩绘或贴以有彩色图案的纸。这种形式在宋代成为平綦，后代沿用较多。一般居民用竹、高梁秆等轻材料作框架，然后糊纸	
36	彩画	是在中国古代建筑上绘制的装饰画，主要绘于梁和枋、柱头、窗棂、门扇、雀替、斗拱天花、瓜筒、角梁、椽子、栏杆等建筑木构件上	
37	藻井	中国特有的建筑结构和装饰手法，一般用在殿堂明间的正中顶部天花板的装饰，常作多角形、圆形、方形的凹陷部分，然后装修斗拱、描绘图案或雕刻花纹，从而产生精美华丽的视觉效果	

（续表）

序号	词目	释义	图例
38	垂花门	是指檐柱不落地，悬在中柱穿枋上，下部刻花瓣联珠等富丽木雕。屋顶用勾连搭，多用于北京四合院第二道门	
39	抬梁式	是中国古代木结构的一种主要形式。其基本结构特征是沿房屋进深方向，柱子支撑大梁，大梁上再放置较短的梁，这样层层叠置而成梁架。梁架上的梁层层缩短，形成一个类似三角形屋架的结构形式	
40	穿斗式	是中国古代木构建筑的一种重要形式，其主要特征是用较密集的柱子支撑上部的梁架，承托屋面椽子与望板的檩子直接放在柱头上，柱头之上不设大梁及叠置的梁架，只在柱间使用一些穿枋，以保证柱间的横向联系	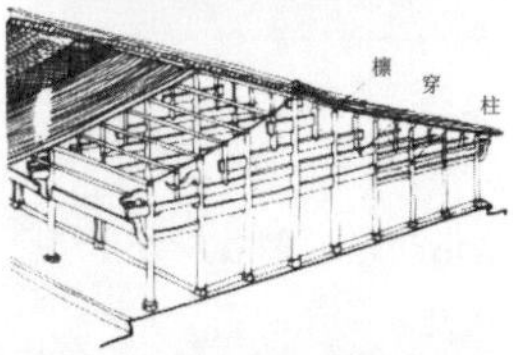
41	井干式	是中国传统木结构中的一种，是一种用圆形、矩形或六角形木料，平行向上层层叠置而成的结构形式。相互交叉的圆形或矩形木料，在房屋的转角处交叉和咬合，使结构形成一个整体，并起到围合墙体的作用。井干式结构的屋顶，也是在两个山面墙上放置短立柱，呈托脊檩，形成两坡的形式	
42	干栏式	干栏式结构是中国古代木构建筑的一种结构形式，主要用于潮湿地区。其主要特征是将房屋的底层用较短的柱子架空，柱端上铺木板，形成室内的地面，地板之上架设类似穿斗式结构的木构架，再在木构架上铺设椽子与挂瓦。在云贵少数民族地区，还用草葺屋顶的形式	
43	经幢	指刻有佛的名字、佛像或经文的石柱子，柱身多为六角形、八角形或圆形，是用以宣扬佛法的纪念性建筑物，一般由基座、幢身、幢顶三部分组成	

（续表）

序号	词 目	释 义	图 例
44	庑殿顶	是中国古代建筑中等级最高的一种屋顶样式，是“四出水”的五脊四坡式，由一条正脊和四条垂脊（一说戗脊）共五脊组成，因此又称五脊殿。由于屋顶有四面斜坡，故又称四阿顶。有单檐和重檐之分	
45	歇山	中国古代建筑中等级次于庑殿的屋顶样式，形式上看是两坡顶加周围廊的结果。宋称九脊殿，有单檐、重檐、卷棚等形式	
46	攒尖	中国古建筑中屋顶的一种结构形式。平面为圆形或多边形，上为锥形的屋顶，没有正脊，有若干屋脊交于上端。一般亭、阁、塔常用此式屋顶	
47	悬山	屋面有前后两坡，而且两山屋面悬于山墙或山面屋架之外的建筑，称为悬山（亦称挑山）式建筑。悬山建筑稍间的檩木不是包砌在山墙之内，而是挑出山墙之外，挑出的部分称为“出梢”，这是它区别于硬山的主要特点	
48	硬山	中国古代建筑中的一种形式。屋面仅有前后两坡，左右两侧山墙与屋面相交，并将檩木梁全部封砌在山墙内的建筑叫硬山建筑。硬山建筑是古建筑中最普通的形式，无论住宅、园林、寺庙中都有大量的这类建筑	
49	盝顶	中国传统屋顶之一，盝顶梁结构多用四柱，加上枋子抹角或扒梁，形成四角或八角形屋面。顶部是平顶的屋顶四周加上一圈外檐	

（续表）

序号	词 目	释 义	图 例
50	钟楼	旧时城市中设置大钟的楼，楼内按时敲钟报告时辰	
51	鼓楼	城隅上置放巨鼓的楼房，用以报时或警戒盗贼。佛寺亦有鼓楼，与钟楼相对，建于正殿的左右，用以悬鼓报时，或于典礼时敲击	
52	脊兽	脊兽是中国古代建筑屋顶的屋脊上所安放的兽件。它们按类别分为跑兽、垂兽、“仙人”及鸱吻，合称“脊兽”。其中正脊上安放吻兽或望兽，垂脊上安放垂兽，戗脊上安放戗兽，另在屋脊边缘处安放仙人走兽	
53	天井	宅院中房子和房子或房子和围墙所围成的露天空地、院落	
54	山花	古典风格建筑中建筑正面上方宽而低缓的三角形区域；门、窗、壁龛等处上方的三角形区域	
55	混凝土	是指由胶凝材料将集料胶结成整体的工程复合材料的统称。通常讲的混凝土一词是指用水泥作胶凝材料，砂、石作集料；与水（加或不加外加剂和掺合料）按一定比例配合，经搅拌、成型、养护而得的水泥混凝土，也称普通混凝土，它广泛应用于土木工程	

（续表）

序号	词 目	释 义	图 例
56	壁龛	在墙体上所留出的用来作为贮藏设施或放置神像的空间	
57	拱券	以砖石为主要材料、利用材料间的侧压力而建成的、跨空的承重结构	
58	柱廊	建筑有列柱的门廊	
59	拱廊	一连串由柱子支撑的拱形结构，有时成对，上有遮盖，形成走道	
60	帆拱	是对古罗马“穹拱”一种地域性的变异及重新诠释。在4个柱墩上沿方形平面的4条边长做券，在4个垂向券拱之间砌筑一个过4个切点的相切穹顶，水平切口和4个发券之间所余下的4个角上的球面三角形部分，即称为“帆拱”。它的自重完全由4个券拱下的柱墩承担，这一结构不仅使穹顶与方形平面的承接过渡在形式上自然简洁，也将荷载集中到4座柱墩上，而不是由连续的石砌墙承重	
61	穹顶	悬垂的半球体空间或面积	
62	玫瑰窗	哥特大教堂中突出的圆形窗户，以花饰窗格作为装饰	
63	柱 式	指建筑柱子的样式。由于柱基、柱身、柱头（柱帽）各部分尺寸、比例、形状的不同，加上柱身处理和装饰花纹的各异，而形成各不相同的柱子样式	

（续表）

序号	词 目	释 义	图 例
64	多立克柱式（Doric Order）	多立克柱式一般都建在阶座之上，特点是柱头是个倒圆锥台，没有柱础，柱身有20条凹槽，柱头没有装饰，多立克柱又被称为男性柱。著名的雅典卫城的帕提农神庙即采用的是多立克柱式	
65	爱奥尼亚柱式（Ionic Order）	特点是比较纤细秀美，又被称为女性柱，柱身有24条凹槽，柱头有一对向下的涡卷装饰。爱奥尼亚柱由于其优雅高贵的气质，广泛出现在古希腊的大量建筑中	
66	科林斯柱式（Corin-thian Order）	是爱奥尼亚柱式的一个变体，两者各个部位都很相似，只是柱头以毛茛叶纹装饰，而不用爱奥尼亚式的涡卷纹，风格也由爱奥尼亚式的秀美转为豪华富丽。其优点是，在华丽美观之余还可置于建筑物的任何部位，柱头图案呈环绕状，因而适应各种观赏角度，从而在日后的希腊化时期和罗马时期备受欢迎	
67	卫城	是指建在高处城邦国家的都城，利于防守，内部建有宫殿、神庙、粮库、卫兵住所与水源	
68	凯旋门	是欧洲纪念战争胜利的一种建筑，常建在城市主要街道中或广场上。用石块砌筑，形似门楼，有1个或3个拱券门洞，上刻宣扬统治者战绩的浮雕。始建于古罗马时期，当时统治者以此炫耀自己的功绩。后为欧洲其他国家所效仿	
69	《建筑十书》	是西方古代保留至今唯一最完整的古典建筑典籍。于公元前27年由古罗马建筑师维特鲁威著。全书分10卷，内容包括建筑教育、城市规划和建筑设计原理、建筑材料、建筑构造作法、施工工艺、施工机械和设备等，记载了大量建筑实践经验和基本理论，至今仍是一部具有参考价值的建筑科学全书	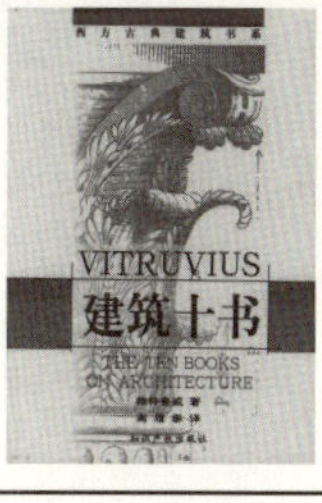

（续表）

序号	词 目	释 义	图 例
70	玻璃镶嵌画	是以有色石子、陶片、珐琅或有色玻璃小方块等，嵌成的图画。主要用以装饰建筑物天花板、墙壁和地面。开始于古代东方，后来希腊、罗马也加以普遍应用。现存作品以拜占庭艺术中的镶嵌画为最丰富	
71	巴西里卡	早期基督教建筑的一种，平面为长方形的教堂。有两条侧廊，纵向的中殿比两旁的侧廊要高，光线由高侧窗照入	
72	扶壁	一种伸展出来的建筑结构，对承重墙进行支撑，增加其稳定性；对高墙进行加固，抵消其横向受力	
73	飞扶壁	拱或半拱，常见于哥特式大教堂的外部；通过抵消外侧压力来支撑高大的石墙，把力量转化到外部支撑	
74	希腊十字形	指的是西方教堂建筑平面结构的一种，即在平面上，南北的长度和东西的长度比较接近的“十”字形结构，也叫等臂“十”字形	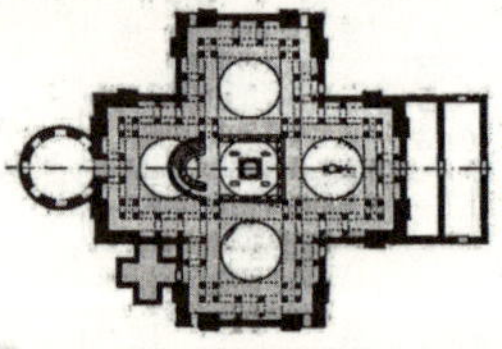
75	拉丁十字形	指的是西方教堂建筑平面结构的一种，即在平面上，东西长度比南北长度长得多的“十”字形结构，形成大厅比圣坛长，横厅比大厅短的结构	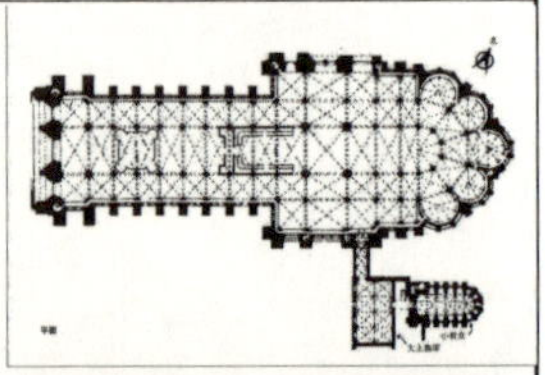
76	玛斯塔巴	古埃及的一种斜坡坟墓形制，随着其高度的增加，墓墙的坡度逐渐内收，是金字塔的雏形	

（续表）

序号	词 目	释 义	图 例
77	方尖碑	高的方形石柱，上部尖细，顶为锥形，由古埃及人发明	
78	窣堵波	窣堵波是古代佛教特有的建筑类型之一，主要用于供奉和安置佛祖及圣僧的遗骨（舍利）、经文和法物，外形是一座圆冢的样子，也可以称作佛塔。公元前3世纪时流行于印度孔雀王朝，是当时重要的建筑	
79	清真寺	伊斯兰教礼拜之处，通常由一个庭院及四周的拱廊以及一个柱廊祈祷大厅组成	
80	未来主义（Futuri-sm）	也称未来派，1908年由意大利青年诗人托马索·马利内蒂（Tommaso Marinetti）在米兰发起。未来主义反对古典的、庄重的、戏剧性的、装饰的及一切取悦于人的建筑，反对保护、修复和重建古典建筑。他们反对垂直线和水平线，反对立方体、方锥体和圆，提倡斜线和椭圆创造的富有动态的建筑机体	
81	表现主义（Expres-sionism）	产生于20世纪的德国和奥地利，于1910年前后趋于成熟。表现主义建筑师采用奇特、夸张的建筑形体来表现某些思想情绪、象征某种时代精神。1920年门德尔松设计的德国波茨坦市爱因斯坦天文台是表现主义风格的代表性作品	

（续表）

序号	词 目	释 义	图 例
82	理性主义（Rationalism）	是20世纪初期欧美建筑界科学地探索现代建筑发展方向的一种创作思潮。这种思潮将房屋与使用者联系在一起，把经济放在首要的地位，试图以建筑参与或解决部分社会问题，引进工业技术、标准化和在环境设计的各个层次进行预制化，反对装饰，提倡简洁、清晰、明朗的建筑风格，强调空间设计的重要性，建筑应尽可能地满足功能要求	
83	纯粹主义（Purism）	由建筑师兼画家勒·柯布西耶和画家奥占芳发展起来的一种建筑倾向。在建筑造型上，纯粹主义摒弃个人情感，反对装饰，认为比例是处理建筑体量与形式中最为重要的问题，提倡表现立方体、圆锥体以及它们在阳光下的光影变化为主的构图手法	
84	国际风格（International Style）	是现代社会发展中存在的一种极为普遍的建筑形象。国际式建筑的特点是手法洗练，以矩形体为主，平顶、多窗、少装饰，房间布局自由，把秩序作为设计的要素之一	
85	功能主义（Functionalism）	在现代建筑中设计中，将实用作为美学主要内容、将功能作为建筑追求目标的一种创作思潮。芝加哥建筑师沙利文是功能主义的奠基者。提出“形式服从功能”的口号。早期功能主义的重点是解决人的生理需要，其设计方法为“由内向外”逐步完成。在功能主义发展的晚期。人的心理需要被引进建筑设计之中，建筑形式成为功能的一个组成部分	
86	十次小组（Team X）	是20世纪50年代以史密森夫妇为首成立的一个青年建筑师组织，提倡以人为核心的城市设计思想：建筑与城市设计必须以人的行为方式为基础，其形态来自于生活本身的结构发展	

（续表）

序号	词 目	释 义	图 例
87	国际现代建筑协会（CIAM）	简称“国际建协”，又译“国际新建筑协会”。1928年，由24位代表各国的建筑师在瑞士某古堡聚会，成立了“国际现代建筑协会”。其目的是反抗学院派的势力，讨论科学对建筑的影响、城市规划以及培训青年一代等问题，为现代建筑确定方向	
88	机器美学	是近现代一种建筑思想。其观点是建筑应像机器一样符合实际的功用，强调功能和形式之间的逻辑关系，反对附加装饰；建筑像机器那样可以放置在任何地方，强调建筑风格的普遍适应性；建筑应像机器那样高效，强调建筑和经济之间的关系。柯布西耶的“房屋是居住的机器”就是基于这种思想而提出的	
89	模度（Modulor）	又称模数理论，建筑大师勒·柯布西耶提出的一种建筑理论。他以男子身体的各部分尺寸为基础，形成一系列接近黄金分割的定比数列并套用“模数”来确定建筑物的所有尺寸。但有人认为柯布西耶的模度不能为工业化所利用，因为其数值系列不能用有理数来表达	
90	密斯风格（Miesian Style）	又称“简素主义”、“纯净主义”，在20世纪40～60年代盛行于美国的一种建筑设计倾向，由著名建筑师密斯·凡德罗（Ludwig Mies Van Der Rohe）提倡的，以“少就是多”为理论根据，以“全面空间”、“纯净形式”和“模数构图”为特征的设计方法与手法，其设计原则是“功能服从空间”。它具有表现主义倾向、提倡忠实于结构和材料，特别强调简洁严谨的细部处理手法	
91	居住单位	勒·柯布西耶把他所设计像马赛公寓那样带有服务设施的居住大楼当作组成现代城市的一种基本单位而称作“居住单位”	

（续表）

序号	词 目	释 义	图 例
92	粗野主义（Bruta-lism）	以著名建筑师勒·柯布西耶比较粗犷的建筑风格为代表的一种设计倾向，1954年史密森夫妇（A.&P.Smithon）提出“新粗野主义”的概念。它以表现建筑自身为主，讲究建筑的形式美，把表现与混凝土的性能及质感有关的沉重、毛糙、粗鲁作为建筑美的标准，以大刀阔斧的手法使建筑外形造成粗野的面貌，突出地表现了混凝土“塑性造型”的特征。马赛公寓是粗野主义达到成熟阶段的标志	
93	典雅主义（Forna-lism）	是第二次世界大战后美国官方建筑的主要思潮。它吸取古典建筑传统构图手法，比例工整严谨，造型简练轻快，偶有花饰，但不拘于程式，以传神代替形似，建筑风格庄重精美，通过运用传统美学法则来使现代的材料与结构产生规整、端庄、典雅的安定感。典雅主义主要代表人物有菲利普·约翰逊（P.Johnson）、斯东（Edwand. D.Stone）、雅马萨基（M.Yamasaki）等。雅马萨基设计的纽约世界贸易大厦是典雅主义代表作	
94	象征主义（Symbo-lism）	20世纪60年代较为流行的一种建筑设计倾向。象征主义追求建筑个性的强烈表现，设计的思想及意图常寓意于建筑的造型之中，能激起人们的联想。象征主义建筑在满足功能的基础上，把艺术造型和环境设计作为首要考虑的问题。它可分为具体的象征和抽象的象征两种形式。E·萨里宁（Eero Saarinen）设计的纽约环球航空公司航空站是象征主义代表作	
95	银色派（The Silvers）	又称“光亮派”，是20世纪60年代流行于欧美的一种建筑思潮，在建筑创作中注重先进技术、综合平衡、经济效益和装修质量。其风格特征主要表现在大面积的玻璃幕墙，创造出影像不断变化的动态效果，反映出新的艺术观。1971年耶鲁大学建筑学院院长佩利设计的洛杉矶太平洋设计中心是银色派的代表作品	

（续表）

序号	词 目	释 义	图 例
96	白色派（The Whites）	也称“纽约5”，即以埃森曼（Peter Eisen-man）、格里夫斯（Michael Graves）、格瓦斯梅等为核心的建筑创作组织，在20世纪70年代前后最为活跃。他们的建筑作品以白色为主，具有一种超凡脱俗的气派和明显的非天然效果，被称为美国当代建筑中的“阳春白雪”。迈耶设计的道格拉斯住宅是白色派代表性	
97	新陈代谢派（Metab-olism）	是日本1960年前后形成的一个建筑创作组织，核心成员有丹下健三、大高正人、植文彦等人，认为城市和建筑像生物新陈代谢的动态过程，应该在城市和建筑中引进时间的因素，明确各个要素的周期，在周期长的因素上，装置可动的、周期短的因素。丹下健三所设计的山梨县文化会馆、东京代代木国立综合体育馆是其代表性建筑	
98	灰色派（The Grays）	也称包含主义，是20世纪60年代流行于欧美的一种建筑思潮，认为建筑应该兼收并蓄各种形式，是开放的、包罗万象的、联系传统的建筑。灰色派的建筑理论基础来自于美国著名建筑师文丘里（Robert Venturi）所著的《建筑的复杂性与矛盾性》和《向拉斯维加斯学习》。灰色派是后现代派的主要创作思潮	
99	阿基格拉姆学派（Archi-gram）	是1960年以彼得·库克（Peter Cook）为核心，以伦敦建筑专业学生为主体成立的建筑集团，他们反对传统、反对专制、反对任何形式的束缚，提倡自由，对技术抱着乐观的态度	

附录2　中外建筑大事年表

时代	中　国	欧　洲	埃　及	印　度	两河流域
公元前5000～前3000年	公元前5000～前3300年，中国浙江余姚河姆渡留存大型木构榫卯干阑式房屋 约公元前4800～前4300年，中国陕西西安半坡村和临潼姜寨村有氏族社会聚居遗址，出现木构架房屋雏形 公元前5000～前4000年，郑州大河村出现地面连间建筑和西山城址 公元前3000年，城址增多	公元前2500年，英国建巨石建筑 公元前3000～2000年，建米诺斯王宫建筑	约公元前27世纪，建昭赛尔金字塔，为台阶形 约公元前27世纪～前26世纪，建吉萨金字塔群，包括最大的胡夫金字塔	公元前2350年，建摩亨佐•达罗城	公元前3500～前2000年，建乌鲁克神庙 公元前3000年，筑山岳台； 建巴比伦城
公元前2000～前4世纪	公元前21世纪～前16世纪，建二里头夏代大型宫殿建筑 公元前16世纪～前11世纪，建郑州商城、安阳殷墟都城，出现大型夯土城墙、离宫别馆 公元前11世纪，建陕西岐山凤雏宗庙建筑，瓦盖屋顶 营建洛邑 公元前7世纪，楚国营建楚长城 公元前8世纪～前5世纪，兴建高台建筑 公元前5世纪，编撰《考工记》	公元前1500～前1200年，建迈锡尼卫城狮子门 公元前5世纪，建雅典卫城	公元前2000年，建曼都赫特普三世等石窟陵墓 公元前1900年，建卡洪城 公元前1567～前323年，建卡纳克、卢克索等神庙	公元前250年，建桑吉窣堵波	公元前10世纪～前612年，建亚述王宫 公元前612～前539年，建巴比伦城、通天塔、空中花园 公元前518～前460年，建波斯波利斯王宫

（续表）

时代	中　国	欧　洲	印　度	日　本
公元前3世纪～2世纪	公元前256，修都江堰 公元前246年，修建始皇陵 公元前214年，秦修筑长城 公元前212年，建阿房宫 公元前202年，营建长安城 公元前201年，营建长陵 公元前150年，建明堂辟雍 公元前104年，建建章宫 68年，建白马寺	公元前27～前23年，维特鲁威著《建筑十书》 72年，建罗马大角斗场 82年，建罗马提都凯旋门 98～112年，建罗马图拉真纪功柱 118～128年，建罗马万神庙	公元前2世纪，开始开凿阿旃陀石窟群	公元前后，建伊势神宫
3世纪～6世纪	204年，建邺北城 366年，开凿敦煌莫高窟 460年，开凿云冈石窟 494年，开凿龙门石窟 516年，建永宁寺 520年，建嵩岳寺塔	200年，建罗马卡拉卡拉公共浴场 312年，建罗马君士坦丁凯旋门 320年，建圣彼得老教堂 532年，建拜占庭圣索菲亚大教堂	5世纪～7世纪，建佛陀迦耶菩提寺塔	
6世纪～9世纪	581年，建赵州桥 582年，建大兴城 618年，改建长安、洛阳 7世纪，建布达拉宫 634年，建大明宫 636年，营建昭陵 641年，建拉萨大昭寺 652年，建大雁塔 684年，营建乾陵 707年，建小雁塔 782年，建南禅寺大殿 824年，建崇圣寺千寻塔 857年，建佛光寺东大殿			607年，建法隆寺西院 710年，建成新都平城京（奈良） 759年，建招提寺金堂 1053年，建平等院凤凰堂

（续表）

时代	中 国	欧 洲	印 度	日 本
10世纪～13世纪	962年，建北宋东京皇城 963年，营建宋陵 984年，建独乐寺观音阁 976～1032年，建晋祠 1009年，建泉州清净寺 1020年，建奉国寺 1049年，建开封寺铁塔 1053年，建洛阳桥 1056年，建应县木塔 1103年，颁行《营造法式》 1170年，建广济桥 1189年，建卢沟桥 1267年，营建大都 1271年，建妙应寺白塔	1063年，建比萨建筑群 1163年，建法国巴黎圣母院 1248年，建德国科隆大教堂 12～13世纪，建法国夏特尔大教堂	10世纪，兴建印度教庙宇 10世纪～13世纪，兴建耆那教寺庙 12世纪以后出现伊斯兰教建筑	1573～1600年，兴建书院造、数寄屋式住宅
14世纪～19世纪中叶	1368年，建南京城 1370年，扩建平遥古城 1383年，建明孝陵 1409年，建北京紫荆城 1409年，建明长陵 1420年，建社稷坛 1429年，建天坛 1512年，建苏州拙政园 1552年，建武当山建筑群 1625年，建沈阳故宫 1663年，营建清东陵 1694年，建雍和宫 1703年，建避暑山庄 1707年，建圆明园 1748年，建清西陵 1750年，建清漪园 1756年，建乔家大院	1385年，建意大利米兰大教堂 1420年，建佛罗伦萨主教堂 1429年，建佛罗伦萨巴齐礼拜堂 1430年，建佛罗伦萨美狄奇府邸 1515年，建罗马法尔尼斯府邸 1506年，建圣彼得大教堂 1546年，建罗马卡比多市政广场 1550年，建罗马教皇尤利亚三世别墅 1552年，建维琴察圆厅别墅 1568年，建罗马耶稣会教堂 1638年，建罗马圣卡罗教堂 1656年，建圣彼得教堂前广场 1650年，建孚-勒-维贡府邸 1661年，建凡尔赛宫 1546年，建卢浮宫 1528年，建枫丹白露宫 1735年，建苏俾士府邸 1806年，建巴黎雄狮凯旋门 1823年，建伦敦的不列颠博物馆 1836年，建英国议会大厦	16世纪，建胡马雍墓 17世纪，建泰姬·玛哈尔陵	1581～1609年，建姬路城的天守阁

（续表）

时代	中国	欧洲
19世纪中叶~20世纪中叶	1857年，建上海海关大楼 1905年，建青岛德国总督官邸 1907年，建哈尔滨索菲亚大教堂 1916年，建清华学堂 1921年，建上海外滩汇丰银行 1924年，建燕京大学未名湖塔 1926年，建中山陵 1926年，建沙逊大厦 1929年，建灵谷寺塔 1932年，伪满洲国皇宫 1934年，建上海国际饭店 1935年，建藏经楼 1936年，建南京国民大会堂	1851年，建伦敦水晶宫 1857年，建红屋 1861年，建巴黎歌剧院 1875年，建巴黎圣心教堂 1884年，建神圣家族教堂 1887年，建埃菲尔铁塔 1889年，建巴黎世界博览会机械馆 1897年，布鲁塞尔“人民之家” 1899年，马若里卡公寓大楼 1905年，建巴特洛公寓 1925年，建包豪斯校舍 1929年，巴塞罗那国际博览会德国馆 1931年，建纽约帝国大厦洛克菲勒中心 1936年，建流水别墅 1945年，建范斯沃斯住宅 1950年，建郎香圣母院教堂 1959年，纽约古根海姆博物馆
20世纪中叶~	1951年，建重庆人民大会堂 1958年，建北京人民大会堂、革命博物馆、历史博物馆等十大建筑 1976年，建广州白云宾馆 1982年，建香山饭店 1999年，建上海金茂大厦 2008年，建鸟巢	1956年，美国纽约建环球航空公司候机楼 1958年，巴西建国会大厦 1979年，建休斯敦银行大厦 1972年，建蓬皮杜国家艺术与文化中心 1973年，建悉尼歌剧院 1979年，建休斯敦银行大厦 1982年，建俄勒冈州的公共服务中心 1983年，建美国电话电报公司大楼 1989年，建卢浮宫入口——“水晶金字塔” 2006年，建都市玻璃之屋